城市地下工程施工技术与工程实例

卜良桃　曾裕林　主编

中国环境出版社·北京

图书在版编目（CIP）数据

城市地下工程施工技术与工程实例/卜良桃，曾裕林
主编. —北京：中国环境出版社，2013.8（2016.7 重印）
ISBN 978-7-5111-1491-4

Ⅰ.①城…　Ⅱ.①卜…②曾…　Ⅲ.①城市建设—地
下工程—工程施工　Ⅳ.①TU94

中国版本图书馆 CIP 数据核字（2013）第 131142 号

出 版 人	王新程
责任编辑	张于嫣
文字加工	易　萌
责任校对	唐丽虹
封面设计	宋　瑞

出版发行　**中国环境出版社**
　　　　　（100062　北京市东城区广渠门内大街 16 号）
　　　　　网　　址：http://www.cesp.com.cn
　　　　　电子邮箱：bjgl@cesp.com.cn
　　　　　联系电话：010-67112765（编辑管理部）
　　　　　　　　　　010-67150545（建筑图书出版中心）
　　　　　发行热线：010-67125803，010-67113405（传真）

印　　刷	北京市联华印刷厂
经　　销	各地新华书店
版　　次	2013 年 8 月第 1 版
印　　次	2016 年 7 月第 5 次印刷
开　　本	787×1092　1/16
印　　张	10.5
字　　数	250 千字
定　　价	28.00 元

前　言

　　近年来城市基础设施建设发展十分迅速，已进入了空前繁荣时期，人们对城市基础设施的使用性能等提出了越来越多的新要求，各种新型材料以及新工艺不断涌现，城市基础设施建设中新工艺不断替代旧工艺，从业人员必须掌握、熟悉、了解城市地下工程施工技术。本书以工程实例为主线，系统介绍了城市地下工程施工技术。全书共分为四章，第一章为明挖法工程施工技术与工程实例；第二章为浅埋暗挖法施工技术与工程实例；第三章为盾构法隧道施工技术与工程实例；第四章为水底沉管隧道施工技术与工程实例。

　　本书紧密结合当前的科研成果及最新的相关规范和技术标准，收集整理了典型的地下工程施工工程实例，以工程实例为基础，理论性和实用性强。本书主要作为土木相关专业的专业技术人员继续教育教材，同时也可作为工程技术领域的专业技术人员的参考用书。

　　本书由卜良桃、曾裕林主编，于丽、侯琦、吴伟华、陶剑剑、朱仁芳、曾坚、朱健、汪文渊、朱怀、贺阳、李红益、区杨荫、刘德成、张欢、刘矞彬、段文锋、刘尚凯分别参加了各章节的编写工作。作者从事工程结构的设计、施工和研究工作多年，在各类核心期刊发表相关学术论文 100 余篇，具有丰富的工程经验。当然，书中不妥与疏漏之处在所难免，敬请读者拨冗指正。

卜良桃

2013 年 7 月

目　录

第一章　明挖法工程施工技术与工程实例

第一节　广州市名盛广场地下建筑逆作法施工技术与工程应用

一、地下建筑逆作法介绍

（一）引言

随着地下建筑大规模的发展，工程建设的经济、安全、环保、耐久等方面因素越来越受到重视，其中又以安全最为重要，影响地下建筑安全的关键是深基坑的安全。目前我国大中城市中地下建筑的深基坑工程大部分在房屋密集的旧城区或软弱土层地区，基坑的设计与施工具有复杂性和艰巨性，这类工程具有以下显著特点：

（1）绝大多数地下建筑位于旧建筑群及道路市政地下管线、电缆的包围之中，周围环境条件非常复杂，要求变形控制严格。

（2）不少城市地下为软土地基，地下水埋藏浅、多流砂，软土有蠕变现象，而许多旧房屋无桩基处理，容易产生塌陷，施工条件复杂。

（3）基坑工程开挖深度通常超过 10 m，最深的超过 30 m，深基坑工程造价对地下建筑的造价影响大，施工周期长。

（4）不少南方地区为多雨季节，对处于施工中的基坑工程造成不利影响。

目前，由于基坑施工中采用逆作法具有安全度高及适应性强的特点，地下工程中应用逆作法技术已引起了广大工程人员的重视。实践表明，采用逆作法施工的基坑支护方法无论在基坑安全系数、工程质量和安全文明施工等方面比起其他支护形式基坑支护方法都具有较大的优势。

（二）地下建筑逆作法集成技术的施工流程

传统地下结构逆作法通常以首层或地下一层为分界向上正作施工和向下逆作施工，对围护结构加以简单组合，如内撑与护壁墙（桩）组合等，而且常常围护结构必须先施工，工序仅是单向流程，不能交叉进行，其施工流程见图 1-1。

由图 1-1 可见由于施工工序多，而且须逐个工序完成，在节省时间、费用方面优化不足，未能有机组合，综合经济效益不明显，不少业主对此还是不能接受。

逆作法集成技术实施的宗旨是在基坑围护结构安全的前提下，采取更加灵活的方法和可靠的技术组合，在施工工期与造价上获得可观的综合经济效益，并达到地面以上建筑的设计和增加施工场地、改善施工条件。优化的逆作法集成技术就从根本解决了这个问题。其最大的特点是在可靠的技术和安全保证的前提下，具有灵活的循环性，以最短路径来确定方案和工期，根据不同的场地来组合围护结构，正逆作交叉实施，地面以下可以逆作法结合正作法，地面以上也可以正作法结合逆作法，总之，逆作法集成技术是将传统逆作法的唯一性、单向性改为具有多面性和组合性的先进特点。

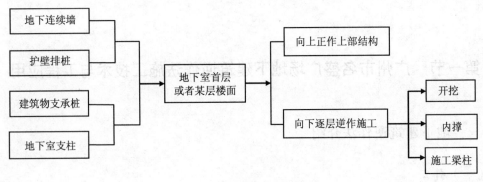

图 1-1 传统逆作法施工流程

二、工程概况

名盛广场工程位于广州市北京路与文明路交汇处东北侧，是集商场、儿童娱乐、美食中心、酒楼、休闲、写字楼及停车场于一体的多功能商业综合楼。工程总建筑面积约为 14 万 m^2，占地面积约为 9 000 m^2，两道伸缩缝将平面分成 A、B、C 三个区，地面上塔楼为 36 层，建筑物总高度为 168 m，裙房为 5 层和 9 层，地下室五层，底板埋置深度为 -20.4 m。

（一）集成技术分析

名盛广场属于旧城区改造项目，且地理位置、周边环境、场地条件和交通情况均较复杂，部分建筑需要跨越市政道路，分别形成 45 m 跨承托 4 层及 27 m 跨承托 8 层的大跨度转换结构；另外，由于八层大宴会厅顶层需作为空中花园使用，设计上需采用 36 m 大跨度钢桁架作为结构支承。项目的商业价值和建筑物的代表性备受关注，业主对本工程的要求是建成广州市一流的标志性的商业建筑。

由于名盛广场工程的施工周期、成本的控制及建筑物的使用功能将直接影响到业主的商业回报，主体结构确定采用钢—混凝土组合结构，竖向体系与钢梁结合的框架—剪力墙筒体结构体系，其中在裙楼以下采用竖向结构为带约束拉杆异形钢管混凝土柱（墙）组成的核心筒及钢管混凝土柱框架，钢管内充填 C70 和 C80 的高强混凝土。带约束拉杆异形钢管混凝土柱（墙）结构具有钢结构延性好和钢筋混凝土结构刚度大、抗压性能好等优点，使商场部分墙柱面积减少，建筑视线通透。钢梁采用热轧或焊接 H 型钢，梁柱连接主要是焊接与高强螺栓连接相结合，楼板采用压型钢板上浇筑混凝土组成钢—混凝土组合楼板。

根据主体结构采用钢结构及压型钢板的特点，结构设计上确定了钢柱吊装完成后先施工后二层钢结构并以此二层为基准层向上向下同时施工的逆作法方案，这种立体化的施工可将工期大大缩短。为符合工程的形象进度及减低对步行街的环境及商业气氛的影响，逆作法支护结构选用了地下连续墙。为解决连续墙入岩难度大及费用高的问题，设计上采用长短相隔的地下连续墙与喷锚支护组合构件，即土质差的地层上部采用地下连续墙作支护，土质好的地层下部改用喷锚支护，利用刚度大的楼面梁板柱作为内支撑；而穿越透水层的地下连续墙体完成后，可为经济适用的人工挖孔桩施工提供条件。楼盖结构考虑选用与上部结构一致的钢—混凝土组合结构，采用钢梁及组合楼板结构配合逆作法施工，不需另拆装模板，施工速度快捷而安全。

（二）工艺技术组合

名盛广场逆作法方案确定后，根据工程特点在设计上采用了多项结构新技术及新工艺相结合。

（1）柱支式地下连续墙充分考虑连续墙在逆作法施工中起到挡土、挡水、承重的作用，抗渗作用通过进入不透水层的普通墙段（简称浅墙段）来解决，承重作用则通过连续墙下面以一定的间距设置柱支式嵌岩段（简称深墙段），形成新型的地下室连续墙结构形式（见图1-2）。围护结构采用柱支式地下连续墙与喷锚支护组合构件，在土质差的地层上部采用地下连续墙作支护，土质好的地层下部改用喷锚支护，利用刚度巨大的楼面梁板柱作为内支撑，很好地解决了单纯采用地下连续墙作基坑支护造价高的问题。地下连续墙厚度取 600 mm，按多支点支护结构计算，利用首层至地下二层楼盖结构作为刚度巨大的支撑点，浅墙段大约在 −13.4 m 位置终止，连续墙体深度仅是越过透水层，进入硬塑至强风化层或中风化层，其下采用喷锚支护结构组合构件共同挡土挡水侧压和抗滑移。在逆作法施工继续向下开挖时，到达较好的土（岩）层后，裸露出来的基坑侧壁由于土质较好，而且侧向土体的上下支撑得到保证，基坑壁内的土层内力会形成一种土拱效应，只要结合常规的浅基坑支护技术则可达到下层土体自身稳定的效果，计算的锚杆长度大大减少，由按受力要求设置改为构造加强。

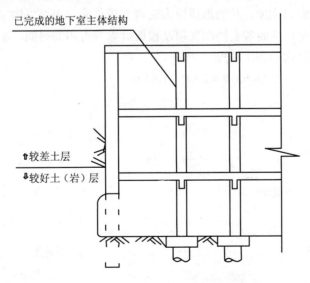

图 1-2　新型的地下室连续墙结构形式

为确保柱支式地下连续墙新技术在本工程中得到合理应用，设计时运用二维地层—有限元法、三维地层—有限元法以及三维荷载—结构法，采用大型有限元软件 ANSYS、MARC 和 ABAQUS 模拟分析了土体开挖产生的土体内力、变形及其对结构的影响，对柱支式地下连续墙逆作法进行了充分的数值计算分析，对该技术的可行性进行了验证。在此基础上对实际工程的基坑开挖进行了施工全过程监测，并与有限元分析结果进行对比，保证了有限元仿真分析结果的真实可信以及施工工程安全可靠，进一步验证了柱支式地下连续墙逆作法技术的合理性。

（2）基础采用圆型桩和椭圆型大孔径人工挖孔桩，最大桩径 5.5 m，因此可以很方便地进行首层以下部分圆型和异型钢管混凝土柱和钢构架柱的吊装及施工；钢管混凝土柱及带约束拉杆异型钢管混凝土柱（墙）加工时一次成型，放入桩孔，套于定位器上先进行固定，然后在钢管柱内浇筑 C70 和 C80 高强高性能混凝土，浇筑钢管柱混凝土时，用导管法施工并用高频振捣器分层振捣密实；孔壁和钢管外壁之间的空隙中按设计要求填砂并振实以固定竖向构件，减少构件的长细比增加其稳定性。

（3）本工程主体结构采用新型的钢—混凝土组合结构竖向体系与钢梁结合的框架—剪力墙筒体结构体系，其中在裙楼以下及地下室采用竖向结构为带约束拉杆异型钢管混凝土柱（墙）组成的核心筒及钢管混凝土柱框架（见图 1-3），钢管内充填 C70 和 C80 的高强混凝土，大大提高了墙柱的承载力及逆作法施工支承结构的稳定性。带约束拉杆异型钢管混凝土柱（墙）结构具有钢结构延性好，配合逆作法施工快捷的特点，同时又具有钢筋混凝土结构刚度大、抗压性能好等优点。

柱、剪力墙等竖向构件设计为圆型钢管混凝土柱、异型钢管混凝土（墙）柱，尤其是核心筒采用了带约束拉杆的异型钢管混凝土（墙）柱，整体制作和吊装，整体性好，可以配合逆作法施工实现首层以下部分墙、柱等竖向构件一次性完成施工。在基坑内土方未完全开挖的情况下施工结构柱网，有效地解决结构竖向荷载的传递。

（4）地下室楼板结构采用钢梁与压型钢板相结合的方案，经过构造加强的 H 型钢梁组合楼板形成强大的平面内刚度，从而形成巨大的内支撑体系；由于采用压型钢板作为永久性模板，实现了模块化，从而省去楼面支顶及模板拆除等占用的时间，加快了地下室内土方开挖进度及地下室结构的施工进度。

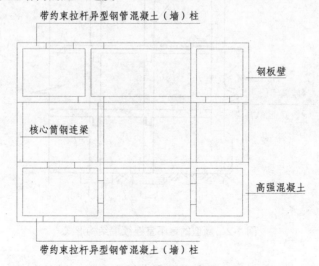

图 1-3　剪力墙核心筒钢结构

土方开挖及出土的快慢是影响逆作法施工的第三个关键。本工程采用全机械化开挖和出土、土方开挖和结构施工组成合理的流水作业，为缩短工期提供有力的保证。本工程钢结构在地下室结构中大规模地应用在国内尚属首次。

（5）在地下室楼面梁、板与地下连续墙连接处，均改为采用混凝土梁、板的形式，避免了钢梁和压型楼板伸入连续墙时切断墙的竖向钢筋，并且可以保证与地下连续墙很好地结合。地下连续墙在所有与楼面框架梁连接处，预埋了 PVC 管，以便后工序凿开与框架梁连接，省去以往使用梁盒预埋件的老方法，节省了钢材，简化了工序。预埋件与钢筋笼连接牢固。

（6）钢管混凝土柱—钢梁节点。本工程竖向构件为钢管柱（墙），而梁为热轧或焊接 H 型钢，梁柱节点种类繁多。设计上采用带环板的钢牛腿形式的梁柱通用节点，地面采用梁与节点采用高强螺栓与焊接混合连接，地下室部分梁与节点采用焊接连接。带有上下环板及节点加劲肋的环板节点能较好地将梁端弯矩和剪力传递到钢管混凝土柱，不会在钢管壁形成应力集中，又能解决内环板难以解决的混凝土浇筑质量的问题，施工方便且受力性能好。

（三）施下流程

本工程逆作法施工顺序见图 1-4。

地下室土方开挖分以下三个阶段进行。首先，由原地面开挖至 −5.5 m，在地下连续墙周边预留宽 3 m，高 2.5 m 的反压土。然后，进行首层楼盖的施工，在首层楼盖完成后由 −5.5 m 开挖至 −9.0 m。最后，进行地下一层楼盖施工，地下一层楼盖施工完成后由 −9.0 m 挖至 −20.7 m 的底板处，并以 −14.0 m 为界分上下两层先后开挖。在解决地下室大量土方运输方面，地下室垂直运输出土口处安装垂直运输系统，在 ±0.00 层用龙门吊吊挂特制的吊土桶，用于吊土外运。取下吊土桶后，可用吊钩吊运钢筋、模板、钢构件入地下室。考虑到地下室出土量大，在首层设置了两个出土口，在预留孔洞的四周留用于封闭孔洞的钢筋，并在相应的位置预埋铁件，便于安装吊土提升架，工程结束前才封闭出土口。

地下室各层楼盖结构梁主要采用 H 型钢梁，楼板面采用压型钢板作为模板并永久性使用，省去了传统的模板支顶，可加快模板的施工进度及省去拆模时间，从而加快地下室的施工进度。

（四）工程施工的特点及优势

本工程采用了柱支式地下连续墙与喷锚支护，钢管混凝土柱、人工挖孔桩、钢—混凝组合楼盖的逆作法集成技术，其地下室及支护的施工方面具有以下的特点和优势。

1. 工程特点

当地下室顶板、浅墙段的内壁墙、地下室连续墙的压顶梁浇筑完整浇灌牢固后，形成了图 1-2 所示的柱支式地下连续墙。柱支式地下连续墙挡住了地表不理想的土层，且进入全风化岩也有 3 m，基坑位移不大，良好土层组成的侧土拱存在于柱支式地下连续墙浅墙段脚部的土体。上层土体保持稳定，下层坚硬土体在锚杆和喷网的作用下，可以逐层向下开挖、喷锚直到底板处，开挖出一个庞大的空间，再以正作法向上施工地下室永久的内壁墙和剩下的地下室各层楼面结构。

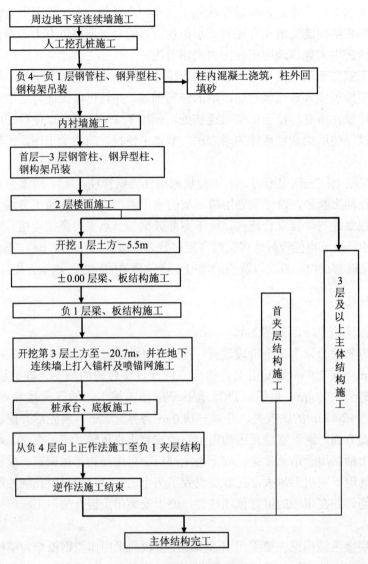

图 1-4　逆作法施工顺序

2. 优势

（1）基坑围护结构采用深浅槽地下连续墙与喷锚网相结合的施工方案，地下连续墙既作为地下室施工时的围护结构，又作为建筑物的永久性承重结构，降低了围护结构工程造价，同时缩短了工期。

（2）传统的逆作法在完成首层以下的剪力墙、柱等竖向构件后，接着施工首层楼板，然后按地上地下同步施工的方法进行。而本工程可以在一次性完成从基础至首层的剪力墙、柱等竖向构件施工后，接着进行首层以上的剪力墙、柱等竖向构件施工以及二层楼板施工，然后按地面上下同步施工的方法进行，加快了首层以上主体结构的施工进度以及裙楼施工的形象进度。

（3）地下室楼板结构采用钢梁与压型钢板相结合的方案，经过构造加强的 H 型钢梁组合楼板具有强大的平面内刚度，从而形成巨大的内支撑体系；同时加快了地下室楼层结构的施工进度，减少了地下室内的大量模板、脚手架等周转材料的垂直运输工序。由于采用压型钢板作为永久性模板，实现了免拆模，从而省去楼面支顶及模板拆除等占用的时间，加快了地下室内土方开挖进度及地下室结构的施工进度。

（4）为了满足第一层土方开挖工作面高度的要求，首层至三层柱吊装完成后先进行二层楼盖结构施工，待首层楼面结构施工后再进行首夹层楼面结构施工。

（5）柱、剪力墙等竖向构件设计为圆型钢管混凝土柱、异型钢管混凝土柱和钢构架柱，尤其是核心筒采用了带约束拉杆的钢构架柱，整体制作和吊装，整体性好，可以实现首层以下部分墙、柱等竖向构件一次性完成施工；地下室各层楼盖结构梁主要采用 H 型钢梁，楼板面采用压型钢板作为模板，节点处理简单，加快地下室的施工进度。

（6）对 $-9.0\,m$ 以下的土方采用分层连续开挖到底的方案，使土方开挖连续进行，有效地保证了土方开挖的效率，实现了土方开挖的机械化施工。

（7）地下室上方开挖过程中的降水采用在人工挖孔桩内的钢构架柱外设置降水井的方法，不需要另设降水井，降低了相关的施工费用。

（五）效益分析

作为一个位于繁华商业地段的大型地下室，本工程基坑具有面积大、开挖深的特点，土方量达到 18 万 m^3。而且本工程具有施工场地狭窄、工程地质情况复杂、紧邻密集的民居与学校、工程量大且工期要求紧等特点，基坑的变形及安全控制非常重要。地下室采用优化的逆作法集成技术施工，可大大缩短工期，有效减少对周围环境的不利影响，基坑的安全性得到了保证；同时又节省了大量的挡土临时支承构件，采用柱支式地下连续墙技术减少了大量施工困难的入岩段工程量，综合经济效益可观。另外，由于工程地处繁华商业地段，商业价值非常明显，采用逆作法集成技术后，加快施工进度使发展商减少了利息的支出，由于地面地上结构同时施工增强了投资者的信心可增加物业的销售金额。地下室结构完成时，裙楼商场已交付使用，所有可销售物业均已售完。名盛广场逆作法新技术的成功设计及应用，使名盛广场成为广州市北京路步行街的标志性商业建筑，其高素质及专业的建设，在广州美食文化中心成功落户名盛广场的过程中起到了重要的作用，取得了良好的社会效益与经济效益。

第二节　广州某地铁车站明挖法施工技术

一、工程概况

某站为广州市地铁 X 号线与 Y 号线的换乘站，位于两条市郊道路的交叉处。周边地形较为开阔、平坦；地下水位在现有地面以下 2 m，地下水对地铁构筑物中的混凝土结构无腐蚀性，对钢筋混凝土结构中的钢筋有弱腐蚀性。

二、地铁车站主要施工工序流程

1. 基坑围护
一般采用地下连续墙围护、钻孔桩止水围护、工法桩围护等。

2. 地基处理及降排水
地基处理一般采用高压旋喷桩、水泥土搅拌桩等。降排水一般采用明排水、疏干管井及降压管井。

3. 基坑开挖
一般采用放坡、分层开挖。

4. 支撑体系
由钢筋混凝土支撑、钢支撑及钢构柱组成。

5. 内部结构
标准车站一般为地下两层（站台层、站厅层），由底板（1 m）、中板（0.5 m）、顶板（0.8 m）、柱及内衬墙（0.6 m）组成。

6. 施工监测
在基坑开挖及内部结构施工过程中主要对围护结构的墙顶位移、墙体偏斜；支撑体系的支撑轴力、立柱隆沉；周边环境的地表沉降、管线沉降等进行监测，确保施工安全及环境稳定。

三、地下连续墙施工

本工程钢筋笼分"一""L""Z"三种型，地墙接头采用圆形柔性接头，其中端头井"Z"型槽段变为"L"型，钢筋笼二次沉放，混凝土一次浇注，配筋作相应调整。所有导墙接头与地墙接头错开。

（一）导墙制作

在地下连续墙成槽前，应砌筑导墙，做到精心施工。导墙质量的好坏直接影响地下连续墙的轴线和标高，对成槽设备进行导向。是稳定存储泥浆液位，维护上部土体稳定，防止土体坍落的重要措施。导墙采用"L"型整体式钢筋混凝土结构，导墙间距 640 mm，肋厚 200 mm，高 1 500 mm，上部宽 1 200 mm，混凝土标号为 C20。导墙钢筋全部采用 φ 14，横向纵向间距均为 200 mm。地勘报告中杂填土厚 0.5～3 m，平均厚度达 2.2 m，实际开挖 0.5～1 m 即为原状土，因此杂填土较少，导墙深 1.5 m 足以隔断杂填土层。

导墙对称浇筑，强度达到 70% 后方可拆模。拆除后设置 10 cm 直径上下二道圆木支撑，并在导墙顶面铺设安全网片，保障施工安全。

导墙内墙面要垂直，导墙顶部高出地面 20 cm，墙面不平整度小于 5 mm，墙面与纵横轴线间距的允许偏差±10 mm，内外导墙间距允许偏差±5 mm。在导墙施工全过程中，都要保持导墙沟内不积水。导墙面应保持水平，混凝土底面和土面应密贴，混凝土养护期间起重机等重型设备不应在导墙附近作业停留，成槽前导墙坑应回填土，支撑不允许拆除，以免导墙变位。导墙混凝土自然养护到 70% 设计强度以上时，方可进行成槽作业，在此之前禁止车辆和起重机等重型机械靠近导墙。在导墙转角处因成槽机的抓斗呈圆弧形，抓斗的宽度为 2.7～3 m，同时由于分幅槽宽等原因，为保证地下连续墙成槽时能顺利进行以及转角断面完整，转角处导墙需沿轴线外放不小于 0.4 m。

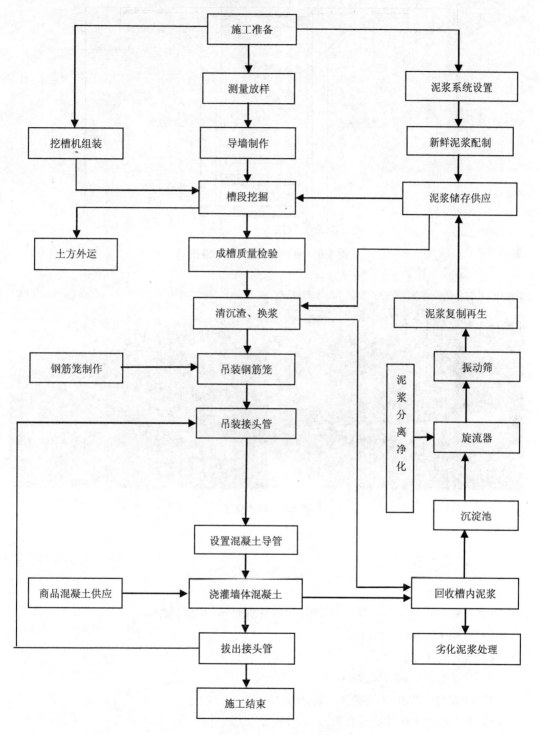

图 1-5　地下连续墙施工流程图

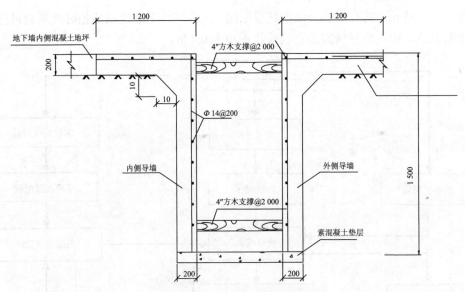

图 1-6 地下连续墙导墙示意图

图 1-7 导墙施工

（二）泥浆工艺

1. 泥浆配制

泥浆材料：本地下连续墙工程采用下列材料配制护壁泥浆：

（1）膨润土：200 目商品膨润土。

（2）水：自来水。

（3）分散剂：纯碱（Na_2CO_3）。

（4）增黏剂：CMC（高黏度，粉末状）。

（5）加重剂：200 目重晶石粉。

图 1-8　泥浆循环系统

2．技术要点

（1）泥浆搅拌严格按照操作规程和配合比要求进行，泥浆拌制后应静置 24 h 后方可使用。

（2）对槽段被置换后的泥浆进行测试，对不符合要求的泥浆进行处理，直至各项指标符合要求后方可使用。

（3）对严重水泥污染及超比重的泥浆作废浆处理，用全封闭运浆车运到指定地点，保证城市环境清洁。

（4）严格控制泥浆的液位，保证泥浆液位高于地下水位 0.5 m 以上，并不低于导墙顶面以下 30 cm，液位下落及时补浆，以防塌方。

（三）成槽施工

1．槽段划分

根据设计图纸，地墙分"一""L""Z"等型，宽度一般为 6.5 m、6 m、5.5 m、5 m。

2．槽段放样

根据设计图纸和建设单位提供的控制点及水准点在导墙上精确定位出地墙分段标记线，并根据锁口管实际尺寸在导墙上标出锁口管位置。

3．成槽设备选型

4．成槽垂直度控制

由于本工程成槽精度要求高，采用液压抓斗成槽机成槽。其成槽时能自动显示成槽垂直度并带有垂直度修正块，能满足设计精度要求，在挖槽中通过成槽机上的垂直度检测仪表显示的成槽垂直度情况，及时调整抓斗的垂直度，做到随挖随纠。同时，须加强成槽司机的垂直度控制意识，并运用超声波测斜仪检测，确保垂直偏斜率在 3/1 000 以下，力争达到 2/1 000 以下。

5．成槽挖土顺序

按槽段划分，分幅施工，标准槽段（约 6 m）采用三抓成槽法开挖成槽，先挖两端最后挖中间，使抓斗两侧受力均匀，如此反复开挖直至设计槽底标高为止。

6. 成槽挖土

成槽开挖时抓斗应闭斗下放，开挖时再张开，每斗进尺深度控制在 0.3 m 左右，上、下移动抓斗时要缓慢进行，避免形成涡流冲刷槽壁，引起坍方，同时在槽孔混凝土未灌注之前严禁重型机械在槽孔附近行走产生振动。

7. 挖槽土方外运

挖槽过程中开挖出的土方即由 15 t 土方车外运，为保证挖槽作业的连续性和确保工期，工地内设临时堆土场地。

8. 成槽测量及控制

成槽时，派专人负责泥浆的放送，视槽内泥浆液面高度情况，随时补充槽内泥浆，确保泥浆液面高出地下水位 0.5 m 以上，同时也不能低于导墙顶面 0.3 m，杜绝泥浆供应不足的情况发生。

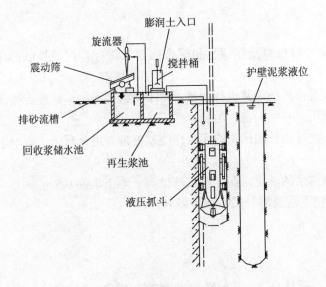

图 1-9　成槽施工示意图

9. 槽段检验

（1）槽段平面位置偏差检测：用测锤实测槽段两端的位置，两端实测位置线与该槽段分幅线之间的偏差即为槽段平面位置偏差。

（2）槽段深度检测：用测锤实测槽段左中右三个位置的槽底深度，三个位置的平均深度即为该槽段的深度。

（3）槽段壁面垂直度检测：用超声波测壁仪器在槽段内左中右三个位置上分别扫描槽壁壁面，扫描记录中壁面最底部凸出量或凹进量（以导墙面为扫描基准面）与槽段深度之比即为壁面垂直度，三个位置的平均值即为槽段壁面平均垂直度。

（四）清底及接头处理

1. 清底的方法

在抓斗直接挖除槽底沉渣之后，进一步清除抓斗未能挖除的细小土渣。使用 Dg-100 空气升液器，由起重机悬吊入槽，空气压缩机输送压缩空气，以泥浆反循环法吸除沉积在槽底部的土渣淤泥。

清底开始时，令起重机悬吊空气升液器入槽，吊空气升液器的吸泥管不能一下子放到槽底深度，应先在离槽底 1～2 m 处进行试挖或试吸，防止吸泥管的吸入口陷进土渣里堵塞吸泥管。吸泥管都要由浅入深，使空气升液器的喇叭口在槽段全长范围内离槽底 0.5 m 处上下左右移动，吸除槽底部土渣淤泥。当空气升液器在槽底部往复移动不再吸出土渣，实测槽底沉渣厚度小于 10 cm 时，即可停止移动空气升液器，开始置换槽底部不符合质量要求的泥浆。在清底换浆全过程中，控制好吸浆量和补浆量的平衡，不能让泥浆溢出槽外或让浆面落低到导墙顶面以下 30 cm。

2. 刷壁

（1）由于槽壁施工时，老接头上经常附有一层泥皮，会影响槽壁接头质量，发生接头部分渗漏水。

（2）刷壁方法主要采用自制强制式刷壁机，利用钢丝绳吊重锤作为导向使刷壁器在刷壁过程中能紧贴接头处，确保刷壁效果，另外在刷壁机内部设置斜肋板，在下放过程中，使泥浆对刷壁机的竖向力转换成一个水平分力，使刷壁机贴紧接头，每次提出泥浆面后用清水清洗，直到刷壁机上没有附着物，则认为已将附着在接头上的泥皮清除。

（五）钢筋笼的制作和吊放

1. 钢筋笼加工

根据成槽设备的数量及施工场地的实际情况，搭设三只钢筋笼制作平台，现场加工钢筋笼，平台尺寸 7 m×30 m。平台采用槽钢制作，为便于钢筋放样布置和绑扎，在平台上根据设计的钢筋间距、插筋、预埋件及钢筋接驳器的位置画出控制标记，以保证钢筋笼和各种埋件的布设精度。

每幅钢筋笼一般采用 4 榀桁架，桁架间距不大于 1 500 mm。纵向钢筋的底端应距离槽底面 50 cm，槽段大于 4 m 的每幅预留两个混凝土浇注的导管通道口，两根导管相距 2～3 m，导管距两边 1～1.5 m，每个导管口设 4 根通长的 ϕ16 导向筋，以利于混凝土浇注时导管上下移动。主筋与水平筋的交叉点除四周、桁架与水平筋相交处及吊点周围全部点焊外其余部分采用 50%交错点焊。

钢筋笼端部与接头管或混凝土接头面间应留有 15～20 cm 的空隙。竖向钢筋保护层厚度内侧为 5 cm，外侧为 7 cm。在垫块与墙面之间留有 2～3 cm 的间隙。为保证钢筋的保护层厚度，在钢筋笼外侧焊定位垫块。按竖向间距 4 m 设置两列钢垫块焊于钢筋笼上，横向间距标准幅为 1.8 m，垫块采用 4 mm 厚钢板制作，梅花形布置。

钢筋连接器预埋钢筋与地下连续墙外侧水平钢筋点焊固定，焊点不少于 2 点。根据顶板、中板、底板、柱梁等设计标高及所在部位放置，确保预埋连接器的标高及部位正确，误差不大于 20 mm。

斜撑预埋钢板大小根据支撑垫箱决定，尺寸大小为 1 000 mm×1 000 mm，采用 20 mm 厚钢板制作。斜撑预埋件由 28 根 ϕ28 锚固钢筋与钢板穿孔塞焊加工制成，直撑预埋件由 16 根 ϕ20 锚固钢筋与钢板穿孔塞焊加工制成。斜撑预埋件中心位置与支撑中心位置一致；直撑预埋件在基坑开挖时用以固定钢牛腿，所以中心位置应比设计支撑中心标高低 300 mm。

2. 钢筋笼吊装

地下墙钢筋笼采用 QUY150A（150t-主吊）和 LS－218RH－5（50t-副吊）履带式起重机双机抬吊配合吊装。

3. 钢筋笼吊点布置

为了防止钢筋笼在起吊、拼装过程中产生不可复原的变形，各种形状钢筋笼均设置纵、横向桁架，包括每幅钢筋笼设置两榀起吊主桁架和一道加强桁架（幅宽大于 4.5 m 时，加强桁架设置 2 榀），主桁架由 φ20 "X" 型钢筋构成，加强桁架由 φ20 "W" 型钢筋构成。横向桁架采用 φ20@3 000 "X" 型布置（见图 1-10）。

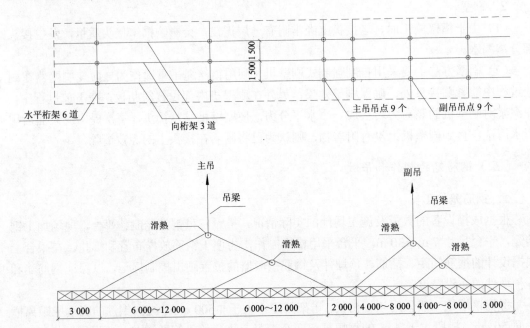

图 1-10　地下连续墙钢筋笼吊点布置示意图

（六）水下混凝土浇注

（1）本工程混凝土的设计标号为水下 C30P8，混凝土的坍落度为 18～22 cm。

（2）混凝土浇灌采用龙门架配合混凝土导管完成，导管采用法兰盘连接式导管，导管连接处用橡胶垫圈密封防水。

（3）导管在第一次使用前，在地面先作水密封试验，试验压强不小于 3 kg/cm²。导管在混凝土浇注前先在地面上将每根导管拼装成两节，用吊机直接吊入槽中混凝土导管口，再将两节导管连接起来，导管下口距槽底 30～50 cm，导管上口接上方形漏斗。

（4）在混凝土浇注前要测试混凝土的塌落度，并做好试块。每幅槽段做一组抗压试块，5 个槽段制作抗渗压力试件一组。

注意事项：

钢筋笼沉放就位后，应及时灌注混凝土，不应超过 4 h。

导管插入到离槽底标高 300～500 mm，灌注混凝土前应在导管内邻近泥浆面位置吊挂隔水栓，方可浇注混凝土。

检查导管的安装长度，并做好记录，每车混凝土填写一次记录，导管插入混凝土深度应保持在 2～6 m。

导管集料斗混凝土储量应保证初灌量，一般每根导管应备有 1 车 6 方混凝土量。以保证开始灌注混凝土时埋管深度不小于 500 mm。

混凝土浇注中要保持混凝土连续均匀下料，混凝土面上升速度控制在 4～5 m/h，导管下口在混凝土内埋置深度控制在 1.5～6.0 m，因故中断灌注时间不得超过 30 min，二根导管间的混凝土面高差不大于 50 cm。

导管间水平布置距离一般为 2.5 m，最大不大于 3 m，距槽段端部不应大于 1.5 m。

在混凝土浇注时，不得将路面洒落的混凝土扫入槽内，污染泥浆。

混凝土泛浆高度 50 cm，以保证墙顶混凝土强度满足设计要求。

（七）锁口管提拔

锁口管提拔与混凝土浇注相结合，混凝土浇注记录作为提拔锁口管时间的控制依据，根据水下混凝土凝固速度的规律及施工实践，混凝土浇注开始后 4 h 左右开始拔动。以后每隔 30 min 提升一次，其幅度不宜大于 50～100 mm，并观察锁口管的下沉，待混凝土浇注结束后 6～8 h，即混凝土达到终凝后，将锁口管一次全部拔出并及时清洁和疏通工作。

（八）质量控制及预防措施

1. 垂直度控制及预防措施

（1）成槽过程中利用经纬仪和成槽机的显示仪进行垂直度跟踪观测，严格做到随挖随测随纠，达到 3‰的垂直度要求。

（2）合理安排一个槽段中的挖槽顺序，直线幅槽段先挖两边后挖中间，转角幅槽段有长边和短边之分，必须先挖短边再挖长边，使抓斗两侧的阻力均匀。

（3）抓斗掘进应遵循一定原则，即慢提慢放、严禁满抓。

2. 地下墙渗漏水的预防措施

（1）减少泥浆中的含砂量

加强清孔力度，将含砂量多的泥浆抽除，降低泥浆中的含砂量。保持泥浆中黏度不小于 25 s，使砂能较长时间悬浮在泥浆中，避免在浇灌混凝土过程中大量沉淀流向接头处和影响混凝土浇灌速度。在泥浆系统中设置泥浆分离系统，回收泥浆均需要通过泥浆分离系统中的震动筛和旋流器，将小颗粒的粉土分离出来，使回收分离后的泥浆的含砂量要少于 4%。严格控制泥浆回收质量，pH 大于 13 的泥浆必须废弃。

（2）接头处理控制

成槽完成后先用液压抓斗的斗齿贴住端头，然后反复上下刮除黏附在接头上大块的淤泥。然后再用专用的有重力导向的强制刷壁器，强制刷壁器可利用安装在刷壁器上的高强橡皮或钢丝刷将锁口管上的淤泥和泥皮刷除。

（3）混凝土浇灌过程中控制

严格控制导管埋入混凝土中的深度始终保持在 2～6 m，不能超过 6 m，否则会造成闷管和因混凝土翻不上来，造成接缝夹泥现象，同时也绝对不允许发生导管拔空现象，万一拔空导管，应立即测量混凝土面标高，将混凝土面上的淤泥吸清，然后重新开管放入球胆浇筑混凝土。开管后应将导管向下插入原混凝土面下 1 m 左右，完成混凝土浇灌后，还要在地下墙外侧采取旋喷加固等防水补救的措施。

3．防止绕灌及应急处理技术措施

必须在锁口管安放完成后，做好对锁口管背侧的空隙回填工作，为确保回填石子，采用 5～40 mm 石子回填，一直回填到地面平整，以防止混凝土绕流。

4．地下墙露筋现象的预防措施

（1）钢筋笼必须在水平的钢筋平台上制作，制作时必须保证有足够的刚度，架设型钢固定，防止起吊变形。

（2）必须按设计和规范要求放置保护层钢垫板，严禁遗漏。

（3）吊放钢筋笼时发现槽壁有塌方现象，应立即停止吊放，重新成槽清渣后再吊放钢筋笼。

（4）确保成槽垂直度。

5．对地下障碍物的处理

（1）及时拦截施工过程中发现的流至槽内的地下水流。

（2）障碍物在较深位置时，采用自制的钢箱套入槽段中，然后处理各种障碍，确保挖槽正常施工。

6．钢筋笼无法下放到位的预防及处理措施

（1）当钢筋笼在下放入槽不能准确到位时，不得强行冲放，严禁割短割小钢筋笼，应重新提起，待处理合格后再重新吊入。

（2）钢筋笼吊起后先测量槽深，分析原因，对于坍孔或缩孔引起的钢筋笼无法下放，应用成槽机进行修槽，待修槽完成后再继续吊放钢筋笼入槽。

（3）对于大量坍方，以致无法继续施工时，应对该幅槽段用黏土进行回填密实后再成槽。

（4）对于由于上一幅地下连续墙混凝土绕管引起的钢筋笼无法下放，可用成槽同抓斗放空冲抓或用吊机吊刷壁器空挡冲放，以清除绕管部分混凝土，再吊放钢筋笼入槽。

7．保护周边环境的施工措施

施工中为确保不扰民，应在施工前对居民进行安抚，求得居民的谅解，同时在居民住宅和邻近建筑物设一定数量的沉降观测点，加强施工中的观察，做到信息化施工。一旦发生沉降或墙体开裂应及时采取跟踪注浆加固，控制沉降，确保居民住宅及邻近建筑物的绝对安全。对于成槽施工可能引起的环境影响，应采取优质泥浆、加强观测、控制成槽精度以及合理安排施工计划等措施加以控制。

四、高压旋喷桩

（一）二重管高压旋喷桩工艺流程（见图 1-11）

（二）高压旋喷桩的施工及技术要求

（1）控制点布设于非施工区域，并设置半永久性标志。桩位测放则采用 50 m 钢卷尺进行，桩位误差≤20 mm。

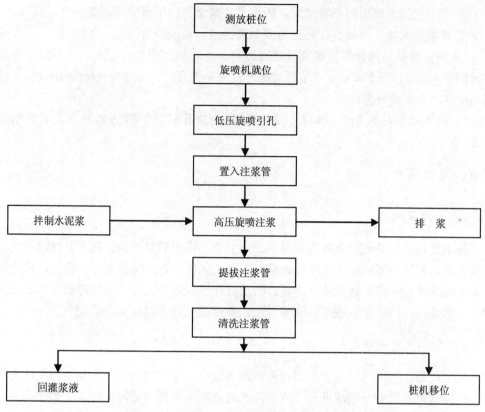

图 1-11 二重管高压旋喷注浆施工工艺流程图

（2）钻机就位应准确，钻机架设应平稳坚实，就位偏差≤20 mm。

（3）引孔时用水平尺控制桩架垂直度，成孔偏斜率控制在 1%以内。

（4）按照设计要求的喷浆提升速率，核定卷扬机的转速。

（5）高压旋喷前首先应检查高压设备和管路系统，保证其压力和流量满足要求，注浆管及高压喷嘴内不得有任何杂物，避免堵管。检查注浆管接头的密封圈及其他密封部件必须完好。

（6）注浆管下沉至设计孔深前，应及时按设计配合比制备好水泥浆液。然后按设计要求输入水泥浆液，待浆压升至设计值后，按规定的提升速度和旋转速度提升注浆管，进行由下而上的喷射注浆。旋喷开始后应连续作业。

（7）水泥浆液应随配随用，浆液搅拌采用二级搅拌，防止水泥浆沉淀。制备好的水泥浆液应用 20 目筛网过滤。

（8）搅拌水泥浆液时，水灰比应按设计要求不得随意改动，禁止使用受潮、结硬，过期的水泥。

（9）高压旋喷注浆作业时，供浆、送气应连续，一旦中断，应将注浆管下沉至停供点200 mm 以下，待恢复供应后再旋转提升。注浆管拆卸后重新喷射作业的搭接长度不应小于 100 mm。

（10）高压喷射注浆过程中，当冒浆量小于注浆量的 20%时为正常现象。如果发现超过 20%或完全不冒浆时，应采取下列措施：

① 地层中空隙大而引起不冒浆时，应加大注浆量，待填满空隙后继续喷浆提升。

② 冒浆量过大时，可提高注浆压力或加快提速，以减少冒浆量。

（11）预先根据场地计算好桩顶及桩底标高，并在机架上作好记号，当喷射注浆接近桩顶时，应从桩顶以下 500 mm 开始慢速提升旋喷至桩顶，并超过桩顶标高 300 mm，然后关闭高压泵后快速提升至地面。

（12）高压喷射注浆施工应跳打，跳打程序为隔孔跳打，以防邻桩串浆而影响成桩质量。

五、井点降水

（一）降水目的

根据本工程基坑开挖及基础底板结构施工要求，降水的目的为：疏干开挖范围内土体中的地下水，方便挖掘机和工人在坑内施工作业；降低坑内土体含水量，提高坑内土体强度，减少坑底隆起和围护结构的变形量，防止坑外地表过量沉降。及时降低下部承压含水层的承压水水位，防止基坑底部突涌的发生，确保施工时基坑底板的稳定性。

（二）基坑抗突涌稳定性验算

基坑开挖后，基坑与承压含水层顶板间距离减小，相应地承压含水层上部土压力也随之减小；当基坑开挖到一定深度后，承压含水层承压水顶托力可能大于其上覆土压力，导致基坑底部失稳，严重危害基坑安全。因此，在基坑开挖过程中，需考虑基坑底部承压含水层的水压力，必要时按需降压，保障基坑安全。

（三）成井施工

1. 成孔及清孔工艺与钻孔桩相似

2. 下井管

井管进场后，应检查过滤器的缝隙是否符合设计要求。首先必须测量孔深，并对井管滤水管逐根丈量、记录。封堵沉淀管底部，为保证沉淀管底部封堵牢靠，下部封堵铁板厚度不小于 6 mm。

其次要检查井管焊接，井管焊接接头处应采用套接型，套接接箍长 20 mm，套入上下井管各 10 mm；套管接箍与井管焊接焊牢、焊缝均匀，无砂眼，焊缝堆高不小于 6 mm。

检查完毕后开始下井管，下管时为保证滤水管居中，在滤水管上下两端各设一套直径小于孔径 5 cm 的扶正器（找正器），扶正器采用梯形铁环，上下部扶正器铁环应错开 1/2，不在同一直线上。

3. 埋填滤料

埋填滤料前在井管内下入钻杆至离孔底 0.30～0.50 m 处，井管上口应加闷头密封后，从钻杆内泵送泥浆进行边冲孔边逐步调浆，使孔内的泥浆从滤水管内向井管与孔壁的环状间隙内返浆，使孔内的泥浆密度逐步调到 1.05 t/m³，然后开小泵量按前述井的构造设计要求填入滤料，并随填随测填滤料的高度。直至滤料下入预定位置为止。

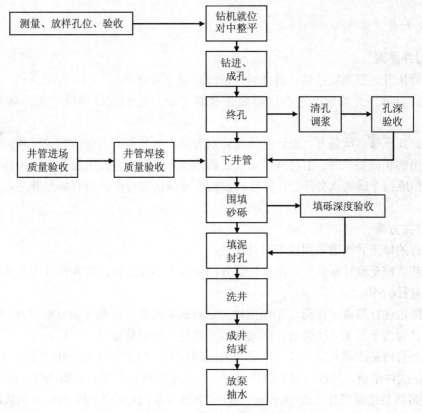

图 1-12　成井施工工艺流程图

4. 洗井

下井管、回填滤料及黏土分孔后，对降压井进行活塞洗井，待洗通滤料后，提出活塞，再利用空压机进行洗井。

活塞直径与井管内径之差约为 5 mm，活塞杆底部必须加活门。洗井时，活塞必须从滤水管下部向上拉，将水拉出孔口，对出水量很少的井可将活塞在过滤器部位上下窜动，冲击孔壁泥皮，此时应向井内边注水边拉活塞。当活塞拉出的水基本不含泥砂后，可换用空压机抽水洗井，吹出管底沉淤，直到水清不含砂为止，疏干井在成井结束后直接用空压机洗井。

洗井完毕后，可以下泵试抽。试抽成功，代表该井成井完毕，可以投入使用。

5. 降水运行工况

根据预估，疏干井至少提前 15～20 d 进行降水，并根据要求加载真空负压，以疏干基坑上部约 20.00 m 范围内的土体。

在疏干井正式抽水前，监测单位应及早施工坑外潜水位观测孔。潜水水位观测孔施工完成后及时开启疏干井进行疏干降水。一般正常情况下，疏干井基本保持 24 h 连续抽水。出现降水异常时，根据需要进行调整。

本次采用真空泵抽气、潜水泵抽水的方法降低潜水位，其中每 3～4 口井配备 1 台真空泵，每口井单用一台潜水泵，要求潜水泵的抽水能力大于单井的最大出水量，预抽水期间真空管路的真空度大于 -0.06 MPa，潜水泵和真空泵同时开启。

（四）封井方案

1. 封井原则

针对降压井，在确定停抽、封井时，应注意以下几点：

（1）所有降压井均应在所在区域底板浇筑完毕并达到设计强度之后方可考虑停止抽水。

（2）封井应与总承包方、设计方以及降水方确定封井原则并形成相关文件；在满足封井原则提出的相应要求时，由总承包方发放封井指令或降水方提出封井申请由总承包方确认。收到相应指令或确认文件后，降水方按指令或确认文件停止所有降水井抽水并实施降水井封井。

2. 封井方案

本工程的降压井考虑采用以下封井措施：

（1）基坑挖至设计标高后，在基坑底开挖面以上 50 cm 处，在井管外焊一止水板，止水板外圈直径 ϕ 650。

（2）降水运行结束封井前，先预搅拌一定量的水泥浆，水灰比为 0.8～1.0。

（3）井管内下入 1 寸注浆管，注浆管的底端进入滤管底部。

（4）井管内初次填入瓜子片，瓜子片的回填高度埋填注浆管大于 9.00 m 以上。

（5）正式注浆前，井管口用钢筋作支撑，将注浆管固定，然后开始注浆；每注浆 50～100 cm 浆量后将注浆管往上提 50 cm～1.00 m 继续注浆；注浆管上提 3.00 m 后拔除一节注浆管。

（6）二次填入瓜子片，瓜子片填入量仍保持瓜子片埋填注浆管大于 9.00 m 以上。

（7）重复进行步骤（5）及步骤（6）直至瓜子片填至底板面以下 2.00～3.00 m。

（8）注浆至瓜子片顶面，拔除注浆管。

（9）注浆完毕，水泥浆达到初凝的时间后，抽出井管内残留水，并及时观测井管内的水位变化情况。一般观测 2～4 h 后，井管内的水位无明显的升高，说明注浆的效果较好。

（10）当判定已达到注浆的效果后，向井管内灌入混凝土至底板顶面约 10 cm；混凝土灌注结束，及时观测井管内水位的变化情况，以判断封堵的实际效果。

（11）待井管内灌注的混凝土初凝能符合要求，并能确定封堵的实际效果满足要求后，即可割去所有外露的井管。

（12）井管割去后，在底板顶面以下 10 cm 处采用铁板焊封管口。

（13）管口焊封后，用水泥砂浆抹平井口，封井工作完毕。

注：封井后要严格做好封井效果的检验工作，当检测符合设计要求后，方可逐个实施封井工作。

六、基坑开挖及支撑

（一）基坑开挖

工程前期先进行地基加固、钻孔桩、井点降水和圈梁的施工，待完成上述项目施工后，并达到预降水 15～20 d 或降水深度达到设计要求后（圈梁强度达到设计要求），即开始基坑开挖施工。

基坑开挖按时空效应原理分为若干个单元开挖，如纵向分段（块）、竖向分层、对称、平衡、限时开挖、限时支撑，必要时留土护壁，通过严格控制每个单元的挖土时间和支撑时间，以减少基坑暴露时间，控制围护变形。

基坑开挖时"由深向浅"逐段开挖，车站主体结构基坑分段开挖的位置以设计的结构分段（诱导缝、施工缝）位置为基准，再向前延伸 2 m。

1. 水平分段

在第二三道支撑的土层开挖中，每小段长度一般不超过 6 m，小段一层土方在 16 h 内完成，随即在 8 h 内安装好该小段的支撑并施加好预应力；在第四五道支撑的土层开挖中，每小段长度一般为 3 m 左右，小段一层土方要在 8 h 内完成，随即在 8 h 安装好该小段的支撑，并施加好预应力。机械挖土距离坑底 20～30 cm 厚土层时，由人工挖土平整，防止坑底土体被扰动。

基坑开挖时，及时设置坑内排水沟和积水井，防止坑底积水。

2. 竖向分层

竖向分层厚度为支撑竖向间距，在开挖过程中又按 1 m/小层进行开挖施工，并随时掌握开挖深度与支撑位置的关系，严禁出现超挖回填现象发生。

3. 纵向放坡

基坑开挖从上到下分层分块进行，分层开挖过程中临时放坡坡度为 1∶1.5，开挖到坑底标高时每层坡度为 1∶2.5，各层土设置 3 m 长台阶，以保证基坑开挖纵向综合坡度≤1∶3。

4. 抽槽开挖

当每段土体开挖及支撑施工时间过长时，考虑到基坑开挖的时空效应，应采用抽槽开挖方法。即先抽槽挖除支撑位置土方，待该部支撑施工完毕后再开挖该段其他部分土体。

5. "盆式"开挖

每层土体均采用"盆式"开挖，先开挖基坑中间部分土方，留下基坑内侧一圈抵住挡墙的土体（约 6 m 宽），在开挖好中间土体后，再向两侧对称、平衡开挖。

（二）支撑体系

1. 施工准备

（1）由于第一道支撑为钢筋混凝土支撑，第二道支撑采用大开挖安装，开挖第一层土方时，先挖至支撑安装的水平标高位置（中心线）下 70 cm 处，局部如有支撑牛腿处再局部加挖深 1 m（加深范围为支撑牛腿 1.00 m×1.00 m），然后架设钢支撑。

（2）根据土方开挖进度，及时配齐开挖段所需的支撑及垫块等。支撑材料进场，并将钢管装配到设计长度，等待工作面挖出后进行安装，支撑安装在基坑内进行；钢支撑均采用 φ609×16 钢管，钢管之间采用法兰螺栓连接。

（3）支撑安装：采用一台 50t 履带吊（需经过验算）。

2. 钢支撑安装

（1）当挖土挖到支撑施工的工作面后，第二道支撑在连续墙盖梁中凿出预埋铁，焊接三角托架（20 cm×300 cm×150 cm），并测定出该道支撑两端与地下墙的接触点，以保证支撑与墙面垂直，位置适当，量出两个相应接触点间的支撑长度来校核地面上已拼装好的支撑,有钢垫箱需在埋铁上烧焊支撑钢垫箱。

(2)吊车安装:钢支撑先在地面上分二段预拼装到设计长度(用短钢管在地面拼装)。支撑分两段吊装,根据中间连杆位置,第一段吊装时搁在连续墙上焊接的三角支座上及中间连杆上,第二段吊装时一端搁在连续墙上焊接的三角支座上,另一端与第一段支撑进行法兰连接,连接好才能松开吊钩。钢支撑两端系根棕绳作拉索,用以校正钢支撑两个端头的位置。由于基坑中间设置格构柱,故需设置立柱托架,根据现有材料,采用 28# 槽钢制作连杆托架,并分别用 12# 槽钢抱箍将连杆与钢支撑连接,使支撑系统连成整体,确保基坑安全。在开挖第一层土方的同时把钢托架的沟槽也一同开出,一般开挖至支撑下 1.3 m左右。安装好钢托架,以便钢支撑的架设。

(3)钢支撑吊装到位,将活络头子拉出顶住钢垫箱(端头设置三角铁板稳定),再将 2台 200 t 液压千斤顶放入活络头子顶压位置,为方便施工并保证千斤顶伸力一致,千斤顶采用专用托架固定成一整体,将其骑放在活络头子上,接通油管后即可开泵施加预应力,预应力施加到位后,在活络头子中楔紧垫块,并烧焊牢固,然后回油松开千斤顶,解开起吊钢丝绳,完成该根支撑的安装。千斤顶施加预应力时,对预应力值做好记录备查。

(4)钢管支撑预加轴力:为控制墙体水平位移,钢支撑必须进行复加预应力(见图1-13)。在第一次加预应力后 12 h 内观测预应力损失及墙体水平位移,并复加预应力至设计值。

图 1-13　支撑拼装及施加预应力

支撑应力复加应以监测数据检查[①]为主,以人工检查[②]为辅。其复加位置应主要针对正在施加预应力的支撑之上的一道支撑及暴露时间过长的支撑,监测数据支撑轴力低于预加应力值的支撑应复加预应力。复加应力时应注意每一单根围檩上的支撑应同时复加,复加应力的值应控制在预加应力值的设计值以内,防止单组支撑复加应力影响到其纵向周边支撑。

---

① 监测数据检查:监测数据检查的目的是控制支撑每一单位控制范围内的支撑轴力。
② 人工检查:人工检查的目的是控制支撑每一单位控制范围内单根松动的支撑轴力。以榔头敲击无控制点的支撑活络头塞铁,视其松动与否决定是否复加。

图 1-14　轴力计埋设

3. 支撑拆除

（1）按设计图纸要求，在底板混凝土强度达到设计强度后，方可拆除支撑。

（2）支撑拆除机械采用 50 t 履带吊和手拉葫芦。

（3）支撑拆除顺序：按设计规定要求。

（4）拆除第二道支撑先用 50 t 履带吊吊住钢支撑，然后割除连接，吊出基坑。单根支撑拆除顺序为先对撑，释放支撑应力，松开活络端，从两边往中间方向拆，然后逐根拆除。

（5）拆除标准段的第三道支撑，端头井的第三四道支撑，及设置有钢垫箱部分的钢支撑时（该部分一般都在基坑顶板和中板的下方），各自先在中板的吊环上安装链条葫芦，然后用 2 只 5 t 链条葫芦吊住支撑，然后再用气割割断钢垫箱，待割断钢垫箱后，链条葫芦将支撑慢慢放下，将支撑垂直放至基坑底，然后再分解支撑螺丝，将小段支撑水平运至洞孔吊点处（一般采用 5 t 卷扬机加走杆拖运），用 50 t 履带吊从孔洞吊出钢支撑。

七、内部结构

内部结构由钢筋混凝土底板、内衬墙（中隔墙）、顶板等构成，底板下铺设素混凝土垫层。

（一）顺作法内部结构施工流程

分块开挖基坑土体至第一道钢支撑底部，安装第一道钢支撑，依次至最后一道钢支撑。开挖土体至基坑设计标高，分块浇筑底板垫层混凝土和结构底板，待混凝土达到设计强度后，按设计要求拆除钢支撑，浇筑内部结构侧墙，待混凝土达到设计强度后，按设计要求处理钢支撑，最后浇筑顶板混凝土。

1. 底板施工

（1）深坑挖到标高后，要尽快完成底板浇捣工作，一般要求在 7 d 内能完成，施工前要做好材料、设备和劳动力等各方面的准备工作。按照设计要求先浇捣混凝土垫层，这是为了抑制围护结构的水平位移。

（2）底板泄水孔需待顶板混凝土达到强度后，按照结构防水要求进行封闭。

（3）底板钢筋须保证保护层厚度，以提高混凝土体耐久性。

（4）底板钢筋须与地墙内预留接驳器连接到位，以提高围护结构与内部结构的整体性及内部结构抗隆沉的性能。

2．侧墙施工

浇捣结构内衬侧墙前，要对围护墙进行堵漏处理，当渗漏情况比较严重时，要有专项注浆或渗水引流处理方案。

内衬超限处理：在超限不大的情况下，可利用围护结构外放的余量（80～100 mm）来作处理；在个别超限严重的情况下，需征得设计同意，采用增大钢筋或型钢加强的处理措施，必要时对在围护外侧的土体进行补强加固处理。

侧墙钢筋绑扎前需对地墙墙面进行凿毛，以保证侧墙与地墙粘结为整体，从而达到组成复合墙的目的，增加结构稳定性及耐久性。

3．中板施工

（1）中板结构施工前，需对模板支架进行验算，形成专项方案，确保施工质量与安全。

（2）混凝土浇筑前需对模板支架进行验收，验收合格方可浇筑混凝土。

4．顶板施工

（1）严格控制混凝土级配，加强混凝土施工管理，保证混凝土标号、抗渗指标及耐久性符合设计要求。

（2）做好诱导缝或施工缝的施工。

（3）顶板混凝土的平整度能满足在 1 m 长度中不超过 2 mm 的平整要求。

（4）加强养护、有条件的情况下及早做好回填覆土工作、要保护好防水卷材。

（5）做好顶板上防水卷材和涂料工作，特别是顶板变形缝或诱导缝位置的防水施工。

（6）内部结构施工结束之后的初期，应关注顶板部位是否出现裂缝和渗漏现象，并根据设计要求及地下结构防水工程有关规范要求进行处理。

5．施工缝及诱导缝的防水措施

（1）水平施工缝采用埋设钢板止水带（见图 1-15）与防水涂料相结合的方式防水。

图 1-15　施工缝钢板止水带埋设

（2）垂直横向施工缝采用中埋式钢边橡胶止水带加防水涂料相结合的方式防水。

（3）诱导缝采用中埋式钢边橡胶止水带、外贴式橡胶止水带及防水涂料相结合的方式防水。

6. 结构底板抗浮措施

结构底板在浇筑完成之后，将要承受地下水向上的顶力，在结构底板混凝土尚未达到设计强度之前，或是上部结构荷载尚未落到底板之前，结构底板会因为不能承受地下水向上的顶力而受到损害。为了使结构底板免受地下水的损害，按照设计要求，每 100 m² 设置 1 个泄水孔，使地下水压力有释放途径，待结构施工结束，顶板上覆土后再封堵泄水孔。泄水孔可部分利用已经完成坑内降水任务的井管制作。制作方法是将 $\phi 275$ 井管截断至结构底板顶面高度，管内填充道碴或碎石，管外焊接止水钢环。浇筑底板混凝土时，井管就被埋在底板混凝土中，但地下水仍可从管内碎石缝中冒出。

7. 顶板防水施工

在顶板混凝土达到设计强度后，及时按照设计要求进行顶板的附加防水涂膜施工，在施工过程中严格控制防水材料的各项参数指标及涂膜的厚度、均匀度和接缝的施工质量。并做好涂膜的保护层施工工作。

在实施防水处理之前，顶板混凝土必须采用多次收水、压平，并从速覆盖湿草包以满足粘贴涂抹防水层所要求的坚实平整，基层表面不得有突出的尖角与可见的贯穿裂缝等弊病，顶板混凝土表面的凹穴、缺损用氯丁胶乳水泥砂浆修补。

8. 回填土施工

回填土施工中，防水层的保护层以上 50 cm 内，宜用灰土、黏土或亚黏土回填，但不得含石块、碎灰渣及有机物。人工夯实每层厚度不大于 250 mm，机械夯实每层厚度不大于 300 mm，并防止损伤防水层。只有在回填土厚度超过 500 mm 时，才允许采用机械回填碾压。

基坑范围内回填土的压实度、标高要达到设计要求。

（二）逆作法重难点

由于是先施工顶板，再中板，最后是底板，故每层板浇筑后的平整性及稳定性、侧墙浇筑及板底纵向水平施工缝防水是逆作法施工的三个重点难点。

1. 每层板浇筑后的稳定性保证措施

（1）板底进行地基加固。

（2）离设计标高 20 cm 时改用人工挖土，减少土体扰动。

（3）板底浇筑垫层。

（4）保证降水效果。

2. 侧墙浇筑质量保证措施

（1）每层板浇筑时沿侧墙四周预留浇筑孔。

（2）混凝土分层浇筑，每层高度不大于 50 cm。

（3）加强振捣，插入式与水平式共同使用。

3. 板底纵向水平施工缝防水措施

（1）在板浇筑时在侧墙底支模时制作榫槽。

（2）在施工缝处涂抹遇水膨胀密封胶。

（3）在接缝处预留注浆管，待混凝土达到一定强度后对接缝进行压密注浆。

八、综合接地

综合接地系统就是将牵引供电回流系统、电力供电系统、信号系统、通信及其他电子信息系统、建筑物、道床、站台、桥梁、隧道、声屏障等需要接地的装置通过贯通地线连成一体的接地系统。同时该贯通地线也是牵引回流的一个主要回路，从原理上来说，其实就是一个共用接地系统并通过等电位连接构成铁路的一个等电位体。

综合接地网主要由水平接地体和垂直接地体组成。接地装置在车站底板垫层下的埋设深度不小于 0.6 m，底板垫层底部标高有变化时，仍应保持 0.6 m 的相对关系。水平接地体为 40 mm×4 mm 或 50 mm×5 mm 紫铜排，垂直接地体为铜镀钢棒。

施工方法及工艺要求

基坑开挖至坑底标高后，按设计位置人工配合小型挖机挖沟，施作水平接地体。为尽快封底，防止基底遇水浸泡软化，先施工接地体沟槽范围外的底板垫层，待垫层达到强度后再施工水平、垂直接地体和接地引出线。水平、垂直接地体焊接完毕后包裹降阻剂，然后回填素土并夯实，最后施作沟槽部分底板垫层。每一部分做完后，应实测其接地电阻，记录每次测量的数据，以便及时预估整个接地网电阻，若有必要适当调整接地装置的设计规模。整个接地网敷设完毕后，按要求实测接地电阻，接触电位差及跨步电位差。接地施工工艺流程图见图 1-16。

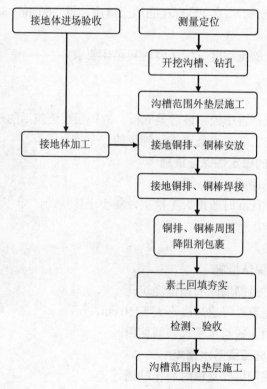

图 1-16 接地施工工艺流程图

九、施工监测

（一）监测主要内容

1. 监测目的

工程进行信息化施工，通过在工程施工期间对基坑围护体系和周围环境的变化情况进行监测，汇总各项监测信息，可进行综合分析，有利于指导施工，及时采取各项施工措施以及环境保护措施的实施。

2. 监测重点

根据本工程施工安排和环境条件，信息化监测的重点有以下内容：

（1）基坑本身的安全监测是工程的重点。

（2）基坑周围的环境，其变形监测亦是工程的重点。

3. 监测内容

监测内容设置取决于工程本身的规模、施工方法、地质条件、环境条件及常规监测方式，本着经济、合理、有效的原则，遵守工程施工的规律，合理设置监测内容。

基坑开挖是土体卸荷产生应力释放的过程，也是一个应力重新分布的过程，会引起围护体的巨大变形。这种变形贯穿于施工的全过程，但是，这种变形也可以通过合理的设计，有效的施工措施结合"时空效应"理论的信息反馈技术等方法进行有效控制，将变形控制在允许的程度。因此，有效、准确、及时的施工监测是信息化施工的关键。

针对一般工程的设计要求及施工条件，总体设置以下监测内容：围护体位移（测斜）监测；围护墙顶沉降与位移监测；支撑轴力监测；立柱隆沉监测；坑底土体隆沉监测；坑外地下水位（潜水）变化监测；坑外地表沉降监测；建（构）筑物沉降监测。

（二）测点布设

1. 围护（墙）体测斜孔布设

围护体测斜是对基坑开挖阶段围护体向坑内方向的水平位移进行监控，及时掌握基坑变形的动态信息。根据各种规范及地铁公司要求，监测点布置间距宜为 3 幅地墙（约 18 m），中间及阳角部位宜布置监测点，每侧边监测点至少设置 1 个，对于基坑中部，特别是基坑宽度较大、开挖较深、受力集中区域，应予以加密。测斜孔深度必须与围护体深度一致，无效量测深度不得大于 2 m，否则应在地墙迎土面补设测点。在地下连续墙内埋设测斜管方法如下：

在地下连续墙钢筋笼内绑扎高强度 PVC 测斜管，管长与钢筋笼长度一致。测斜管外径为 70 mm，管体与钢筋笼主筋绑扎牢，管内一对十字滑槽（用于下放测斜仪探头滑轮）必须与基坑边线垂直，上、下端管口用专用盖子封好，接头部位用胶水、胶带密封，钢筋笼吊装完后，立即注入清水，防止泥浆浸入，并做好测点保护。

2. 围护（墙）体顶部沉降、位移测点布设

由于测斜所反映的墙体位移是相对于墙顶（或者墙底）为不动点的相对位移，故需测出墙顶的绝对位移，两者相比较才能得出墙体向坑内方向各点的绝对位移。因而，设立墙顶位移监测点应与墙体测斜孔位置相对应。将监测点埋设于第一道圈梁梁顶，同时兼做顶部沉降点。埋设时间：与围护（墙）体第一道圈梁混凝土浇筑同步，同时做好测斜管接出地面工作。

3．支撑轴力布设

围护（墙）体外侧的侧向土压力由围护（墙）体及支撑体系所承担，当实际支撑轴力与支撑在平衡状态下应能承担的轴力（设计值）不一致时，将可能引起围护体系变形过大或支撑体系失稳。为了监控基坑施工期间支撑的内力状态，需设置支撑轴力监测点。

为确保基坑安全，监测点宜布置在支撑受力较大、较复杂的支撑上，其测试元件选用钢弦式传感器，量程按设计最大值的 1.5 倍选用，其安装方法如下：

（1）第一道钢筋混凝土支撑轴力布设钢弦式钢筋应力计来监测支撑受力。钢筋计在混凝土钢筋绑扎完后进行安装，将钢筋应力计焊在距离整个支撑长度的 1/2～1/3 处混凝土支撑的主筋上（注意：焊接钢筋应力计的主筋必须截断），导线用 ϕ 50 的 PVC 塑料管引出，混凝土浇筑 7 d 后（或者混凝土强度达 70%～80%）才能测量初始频率。

（2）其余几道钢管支撑中布设钢弦式轴力计的方法监测支撑受力：轴力计一般设置在支撑端部的活络头侧，X 型外壳钢托架与活络头贴角全部围焊，防止轴力计偏移支撑中心，维持支撑的稳定性（注意：初始频率必须在整个支撑预加力前测出）。

测量时采用频率计，通过加低电压测出测试元件的振弦频率，与率定表比较换算，然后计算出整根支撑的受力。

埋设时间：与支撑施工安装同步。

4．立柱隆沉测点布设

立柱对支撑体系起到一定的支承和约束作用，其隆沉将直接影响支撑体系的安全，亦应加强对其的隆沉监测。监测点宜布置在基坑中部、施工栈桥下的立柱上，且数量不得少于立柱总数的 10%。

埋设时间：第一道支撑施工开始埋设。

5．坑底土体隆沉测点布设

基坑开挖是卸荷的过程，随着基坑内土体开挖出现应力释放过程，引起坑内土体回隆，严重时坑外土体涌入基坑形成坑底隆起，砂性土层中，在动水压力作用下可能出现涌砂，这将对工程造成严重影响，危及基坑安全。通过埋设坑底土体隆沉观测孔，利用分层沉降仪可量测基坑开挖过程中土层的隆沉量，依据隆沉量和速率及早发现问题。

在埋设的测管内慢慢放入沉降仪测头，每到一个磁环埋设点，沉降仪测头感应信号并启动声响器，根据声响记录钢尺距管顶的距离，管顶高程以二等水准联测求得，由管顶高与沉降仪钢尺上的读数求得磁环埋设点的高程。各点累计隆沉量等于实时测量值与其初始值的变化量。本次测量值与前次测量值的差值为本次变化量。

测试仪器采用 CJY—80 钢尺沉降仪。

埋设时间：在坑底加固完成后开始，降水前 1 周完成。

6．坑外水位（潜水）监测孔布设

坑外水位监测孔主要对围护结构的止水状态进行监控，以防止围护结构渗漏引起坑外大量水土向坑内流失。水位管采用钻孔方式埋设：在围护体外侧 2 m 处，用 100 型钻机钻孔，钻孔完成后，清除泥浆，将 ϕ 50 的 PVC 水位管吊放入钻好的孔内（管顶应高出地面），在孔四周的空隙下部回填中砂，上部约 4 m 的深度内回填黏土，并将管顶用盖子封好。水位管下部还需设进水孔，用滤网布包裹住，以利于水渗透。测量时采用电子感应式水位计。

埋设时间：在基坑内开始降水前 1 周完成。

7. 坑外地表沉降监测点布设

地表沉降是基坑施工最基本的监测项目，它最能直接反映周围环境的变化情况。将钢筋或木桩埋入围护体外的土体中，深度约为 0.6 m，露出地面，顶部焊上测钉（如果现场条件不允许，则在地面布设间接点）。

埋设时间：工程开始施工前 2 周埋设。

8. 建（构）筑物沉降监测点布设

本工程周边已有建筑物都在基坑西、南两侧，基坑施工对建筑物存在影响，在受影响范围内的建筑物布设监测点，监测点宜布置在建筑物角点、中点位置，沿周边布置间距宜为 6～20 m，且每边不应少于 2 个。

埋设时间：工程开始施工前 2 周埋设。

9. 监测设备安装顺序

各监测设备仪器的安装随基坑工程施工步序而开展，基本按如下顺序进行：

（1）先期布设房屋、地面沉降点。

（2）围护墙施工时，同步安装墙体内的测斜管。

（3）围护墙及坑内外加固施工完后，钻孔埋设坑外的水位管监测点。

（4）围护墙顶的圈梁浇捣时，同步埋设墙顶的沉降、位移测点，并做好测斜管的保护工作，进行初始值的测取工作。

（5）基坑开挖前，应测出各测试项目的初始值。

（6）第一道钢筋混凝土支撑施工时，同步安装钢筋计，混凝土浇注后 7 d，测出初读数。

（7）每道钢支撑施工时，同步安装轴力计，每根支撑预加力前，需完成轴力测试仪器的安装工作，并测出初读数。

（三）监测频率安排

1. 监测频率设置依据

根据二级基坑监测时间间隔要求，监测工作自始至终要与施工的进度相结合，根据工况合理安排监测时间间隔，做到既安全又经济。

2. 监测频率设置说明

监测工作布置的基本原则是在确保施工安全的前提下，本着"经济、合理、可靠"的原则安排监测进程，尽可能建立起一个完整的监测预警系统。

（1）基坑预降水阶段，应在降水前一周完成水位观测孔、连续墙顶变形点的埋设，并测定初始值，观测项目为水位观测，测量频率为 2～3 次/周。

（2）在基坑开挖过程中，由于土体应力场的变化，围护墙深部将向坑内位移，势必引起周边地表、地下管线的沉降，尤其是当基坑开挖至坑底垫层至浇注前这一时间段内，整个围护体处于最不利受力状态，变形速率也会增大。特殊情况如监测数据有异常或突变，变化速率偏大等，适当加密监测频率，直至跟踪监测。

（3）在地下结构施工阶段，各监测项目观测频率为 2～3 次/周，支撑拆除阶段 1 次/d。

第三节　西安地铁潏河停车场工程明挖法施工技术与工程应用

一、引言

地下停车场是指建筑在地下用来停放各种大小机动车辆的建筑物，也称地下（停）车库，在国外一般称为停车场。有时地下停车场也提供低级保养和重点小修业务服务。

我国是人口大国，城市交通中自行车成为重要交通工具之一，因此城市地下也建有用于停放自行车的停车场。

二、工程概况

（一）工程概况

潏河停车场场址位于申店乡徐家寨村与西寨村之间，布设在潏河北岸南长安街的东侧。潏河停车场出入场线明挖段 RDKO+742.889—RDKO+841.743，CDKO+736.848—CDKO+843.198 段采用放坡+排桩+内撑的围护方式，其后区间埋深小于 10 m，采用一级或二级放坡开挖的方式施工，里程为 RDKO+841.743—RDKO+980，CDKO+843.198—CDKO+980；其余段 RDKO+980—RDK1+180，CDKO+980—CDK1+180，采用敞口段方式。

（二）环境条件

本区间场地开阔，无重要建（构）筑物，场地内有铸铁给水管一根，埋深约 2.0 m，斜穿本施工场地，施工前应先改移。在里程 RDKO+262 处有漕运明渠一条，开放式排污，东西方向通过，直接影响基坑的围护和主体施工，施工前应采取处理措施。

（三）地质条件

1. 地形地貌

拟建停车场场地地貌单元属渭河高漫滩。地形起伏较大，鱼塘分布众多，自然地面高程 370~371 m，北部鱼塘堤面高出自然地面约 2.5 m，南部鱼塘堤面与自然地面齐平，鱼塘低于地面 1.5~2.5 m。漕运明渠为一条开放式排污渠道，从出入段线里程 RCKO+262 附近东西方向通过。

2. 地质构造

西安地区内有渭河断裂、秦岭山前断裂、灞河断裂、长安—临潼断裂。断裂空间上大体以北东、北西向展布，以正断层为主。与西安地铁二号线有关的断裂主要是渭河南岸断裂和长安—临潼断裂，但经勘察得出地铁二号线潏河停车场区域内无地裂缝通过，故不考虑地裂缝影响。

3. 区域地层概况

西安地铁二号线位于西安市南北主干线，最北端从草滩开始，向南穿越张家堡、北门、钟楼、南门、小寨、长延堡到达长安韦曲。地形最低位于北郊草滩一带，高程 370 m，地形最高位于南郊三艾村—风栖路一带，高程约 463 m，南北相差 93 m。

西安地铁二号线自北向南穿越地貌分别为渭河漫滩、一级阶地、二级阶地，中部入段为黄土梁洼及南部长安段的皂河、潏河漫滩、一级阶地。总体地势南高北低。

线路北段渭河漫滩及一级阶地表层为第四系全新统人工填筑土（Q_4^{ml}），其下为第四系全新统冲积层（Q_4^{al}）的黄土状土、砂土、粉质黏土及粉土；二级阶地上部地层为第四系上更新统风积层（Q_3^{col}）黄土，下部为中、上更新统冲积粉质黏土、砂层；线路中部是段落的黄土梁洼，上部为下中更新统风积黄土，下部为中更新统冲积粉质黏土、砂层；线路南段长安区附近的潏河、皂河漫滩、阶地上部为第四系全新统冲积黄土状土，中部为全新统冲积砂层、圆砾，下部为第四系下更新统冲积粉质黏土、砂层。

4．水文地质概况

拟建场地地下水水位埋深为 4.4～8.6 m，高程 363～366 m，属第四系孔隙潜水，现为年较低水位，水位年变幅 2.0 m 左右，周遭河流漕运明渠以及鱼塘对拟建场地地下水干扰较大，主要有：

（1）渭河：从出入段线以北 1 km 外通过。是一条自西向东流经西安市北郊的最大过境河流，由于河流上游修库建坝、引水灌溉，渭河平均流量有减少趋势。据咸阳水文站资料 1932—1985 年平均流量为 156.98 m³/s，1985—1994 年平均流量为 107.06 m³/s，较前阶段减少 49.92 m³/s。

（2）漕运明渠：呈东西方向通过，河堤经人工修筑和加固，河床亦经人工采用浆砌片石衬砌，成为开放式排污河道，明渠上部未经覆盖，污水气味弥漫天空。流向由西向东，河床上口宽约 26 m，底口宽约 13 m，水位变化较大，平常水深约 1.0 m，雨季成为泄洪通道，水深 2.0 m 甚至更高。

（3）鱼塘：出入段线场地内鱼塘密布，北段与车辆段连接处的鱼塘多种植莲菜，中部的鱼塘已干涸，多杂草丛生，草高度一般 1.0～1.8 m，漕运明渠两侧鱼塘部分有水、鱼塘水深 1.0～1.5 m，鱼塘底部均有淤泥，淤泥下有薄膜衬砌。

5．岩土分层特性

拟建工程场地在勘探深度 40.0 m 范围内的地层主要由全新统人工填土（Q_4^{ml}）、冲积（Q_4^{al}）粉土、粉细砂、中砂、粗砂火薄层粉质黏土和上更新统冲积（Q_3^{al}）中砂火粉质黏土组成。

6．不良地质状况

（1）湿陷性黄土：出入段线内土层湿陷系数和自重湿陷系数均小于 0.015，综合评价为非自重湿陷性黄土场地，地基可按一般地区的规定设计。

（2）淤泥和淤泥质土：施工场地内鱼塘密布，鱼塘底部存在淤泥和淤泥质土，干涸鱼塘底部的淤泥已龟裂严重，有水鱼塘底部的淤泥含水量较高，根据试验结果，淤泥和淤泥质土有机质含量较高、重度较小、含水量偏高、具高压缩性、力学性质极差，能做地基持力层。

（3）人工填土：根据勘察结果，人工填土主要以素填土为主，地表均有分布；鱼塘附近有临时一层砖混平房，均未拆除。

（4）地震液化：根据详勘资料液化土在全场地分布为星点状，高程 365 m 以上的粉细砂具有液化性，路基填方应通过检算确定具体处理措施。

三、施工技术

地下停车场明挖法施工

明挖法是先从地表向下开挖基坑或堑壕，直至设计标高，再在开挖好的预定位置灌注地下结构，最后在修建好的地下结构周围及其上部回填，并恢复原来地面的一种地下工程施工方法。

明挖法是各国地下铁道施工的首选方法，在地面交通和环境允许的地方通常采用明挖法施工。浅埋地铁车站和区间隧道经常采用明挖法，明挖法施工属于深基坑工程技术。由于地铁工程一般位于建筑物密集的城区，因此深基坑工程的主要技术难点在于对基坑周围原状土的保护，防止地表沉降，减少对已有建筑物的影响。明挖法的优点是施工技术简单、快速、经济，常被作为首选方案。但其缺点也是明显的，如阻断交通时间较长，噪声与震动等对环境的影响。

明挖法是目前我国地铁车站采用最多的一种施工方法，对埋深不大、地面无建（构）筑物、地面交通和环境保护无特殊要求时的区间隧道也采用该方法，主要有放坡明挖和围护结构内的明挖两种方法，在修建地铁的城市均有应用。其技术上的进步主要反映在基坑的开挖方法和围护结构上。针对不同的地层，基坑的围护结构主要有地下连续墙、人工挖孔桩、钻孔灌注桩、钻孔咬合桩、SMW工法桩、工字钢桩和钢板桩围堰等。

明挖法施工顺序示意图（护坡桩法）见图1-17。明挖法施工的基本顺序为：打桩（护坡桩）→路面开挖→埋设支撑防护与开挖→地下结构物的施工→回填→拔桩恢复地面（或路面）。

根据基坑是否设置围护结构，将明挖法基坑分为放坡开挖基坑和有围护结构基坑两类。

这种分类并不是绝对的，有些放坡开挖的基坑，由于受场地条件和其他因素的限制，不能完全放坡，在这种情况下，为了确保基坑的稳定，对坡面采取一定的防护措施。例如，在坡面上设置土钉等。

1. 放坡开挖基坑的施工

在城市地下工程采用明挖法施工时，为了防止塌方保证施工安全，在基坑（槽）开挖深度超过一定限度时，土壁应做成有斜率的边坡，以保证土坡的稳定。工程中常称为放坡。

放坡基坑是指不采用支撑形式，而采用放坡施工方法进行开挖的基坑工程，有些学者也称之为大开挖基坑，一般认为对于基坑开挖深度较浅，施工场地空旷，周围建筑物和地下管线及其他市政设施距离基坑较远的情况，可以采用大开挖方式。当基坑开挖深度较大时，如果考虑采用放被开控，一般在坡面上要设置土锚或土钉等临时挡土结构。

（1）基坑围护设计方案。本工程位于淤泥、淤泥质地基地段，采用ϕ500间距1.5 m的水泥搅拌桩以矩形布置的方式进行处理，以提高地基承载能力。

基坑两侧打1排ϕ700的钻孔支护桩，支护桩空隙间打1排ϕ500间距35 cm水泥搅拌桩止水，用钢筋混凝土冠梁将灌注桩连接成整体，以确保基坑两侧的稳定与安全。

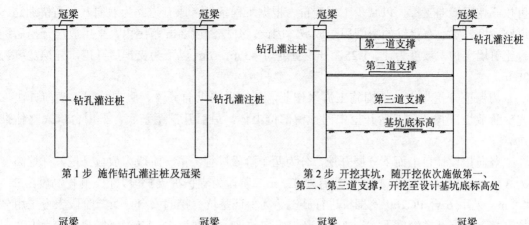

第1步 施作钻孔灌注桩及冠梁

第2步 开挖基坑，随开挖依次施做第一、第二、第三道支撑，开挖至设计基坑底标高处

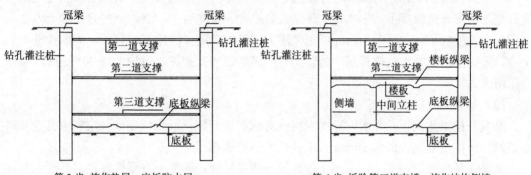

第3步 施作垫层，底板防水层，底板纵梁和底板

第4步 拆除第三道支撑，施作结构侧墙，中楼板及底纵梁

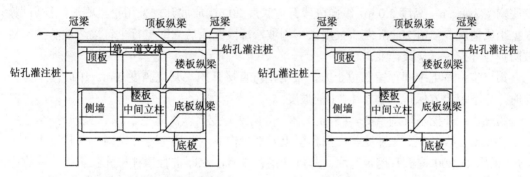

第5步 拆除第二道支撑，施作结构侧墙，顶板及顶板纵梁

第6步 拆除第一道支撑，回填基坑，恢复路面

图1-17 明挖法施工顺序示意图

（2）基坑开挖方法。

基坑开挖的总体原则：在基坑开挖过程中应掌握好"分层、分步、对称、平衡、限时"五个要求，遵循"竖向分层、纵向分段、快速封底"的原则，并做好基坑排水。即"沿纵向按限定长度的开挖段逐段开挖，在每个开挖段中分层，分小段开挖，做好基坑排水，减少基坑暴露时间"。

在基坑开挖施工中，通过选择并确定安全合理的基坑边坡坡度，使基坑开挖后的土体，依靠自身的强度，在新的平衡状态下取得稳定的边坡并维护整个基坑的稳定状况，同时还可以不使用横向支撑，以减少工程造价。根据工程条件，原有道路为双向八车道快速路，道路宽度较宽，有足够的空间用于放坡。因此，开挖深度 3 m 范围内，采用放坡开挖后进行土钉墙支护，坡度为 1∶1.25，开挖宽度为 43 m；3 m 以下为支护后开挖，开挖宽度为 36 m。

为保证开挖与主体结构施工流水作业，基坑采用纵向分段、竖向分层、横向分块，先对称放坡开挖两侧，后开挖中间预留部位土体，最后开挖至基底，采用台阶式整体推进开挖。

竖向按设计自上而下分层开挖，分为两个阶段进行。第一阶段为放坡开挖，开挖高度为 3 m，采用 4 台 PC200 挖掘机进行施工。第二阶段为支护桩支护段开挖，开挖高度为 2～4.8 m，采用 6 台 PC200 挖掘机进行施工。为保证基坑开挖的安全，第二阶段土方采用分层开挖，每层开挖深度不大于 2 m。开挖纵向放坡，坡度为 1∶1.5，分层开挖的土方之间应留一定长度的平台。基底 30 cm 以上采用人工开挖，逐步清除基底处理水泥搅拌桩周边土方，避免挖机碰触水泥搅拌桩。为防止挖机破坏边墙支护桩，对边墙留 20～30 cm 辅以人工清土。

（3）基坑开挖施工。

基坑开挖工艺流程：降水→开挖表层→对称放坡开挖→冠梁施工→分层向下开挖（每层监测）→挖至基底（底部 30 cm 人工开挖）→底板施工。

为保证基坑开挖的安全，上部土方开挖分两步进行，下部土方开挖分两层开挖至基坑底部。开挖步骤如下：

第一步：预留基坑中间部位土方不进行开挖，先进行基坑两侧对称放坡开挖，放坡开挖底宽度为 8.5 m，高度 3.0 m，纵向分段开挖长度 20 m。放坡开挖采用挖机刷坡一次成型，根据土质情况，预留 20 cm 左右采用人工刷坡，每段完成后立即进行土钉墙边坡防护，边坡防护与开挖进行交叉作业。

第二步：基坑中间预留部位土方，采用挖机直接开挖，开挖高度 3 m。中间段土方开挖时，与下层土方保持不小于 1∶1 的坡度。

第三步：开挖基坑剩余 2～4.8 m 土体，分两次开挖，一次开挖 2 m，二次开挖至基底以上 30 cm，第二步土方开挖与中间预留土方平行作业，两层土方开挖间平台长度不小于 8 m，采用 PC200 挖机开挖至基底。基坑开挖完成后，立即进行搅拌桩验收工作，验收完毕后，及时进行 C15 混凝土铺底及基坑底板施工，避免基坑底长期暴露在外。

（4）基坑边坡支护。

为减少基坑暴露时间，基坑边坡开挖完成后，应立即组织人员清理坡面松散土体，整平坡面，及时进行坡面支护。

① 锚杆施工：1 放坡开挖坡面采用 ϕ 22 钢筋，L=4 m 和 ϕ 18 钢筋，L=2 m，长、短交错布设，间距 2～3 m，矩形布置。利用 YT28 钻机钻孔，安装锚杆，并灌注 M30 的水泥净浆，注浆方式为底部注浆。

② 挂钢筋网：在设置锚杆加固的边坡位置及坡顶 1 m 范围内挂设钢筋网，钢筋网布置 ϕ 6.5 @ 100×100 mm³。钢筋网应与锚杆或其他固定装置连接牢固，安装时尽量贴近坡面。

③ 喷射注装：为增强土层的抗剪能力，应在土层表面喷射混凝土，混凝土层厚度为 60 mm，混凝土强度为 C20。采用混凝土喷射机作业，混凝土由拌合站集中拌料，混凝土运输车运到工作面。喷射作业分段、分片、由下而上顺序进行，一次喷至设计厚度。

2．钢板桩围护结构施工

当基坑开挖深度比较大，基坑周边有重要构筑物或地下管线时，就不能采用放坡开挖，要设置围护结构。一般认为基坑开挖深度超过 7 m 时，就需要考虑设置围护结构。对于有围护结构的基坑，其设计内容主要包括：围护结构的选型、入土深度、支撑系统、挖土方案、换撑措施、降水方案和基坑坑底的加固等。上述各项设计内容是相互联系的，在进行某一具体基坑工程设计时必须综合考虑。基坑围护结构设计应遵循"安全、经济、施工简便"的原则。对于选定的围护结构形式，最重要的设计内容主要是围护结构的入土深度和支撑系统的布置。围护结构的入土深度直接关系到围护结构的整体稳定性。

钢板桩强度高，桩与桩之间的连接紧密，隔水效果好，可多次倒用。钢板桩常用断面形式多为 U 型或 Z 型。我国地下铁道施工中多用 U 型钢板桩，其沉放和拔除方法、使用的机械均与工字钢桩相同，但其构成方法则可分为单层钢板桩网堰、双层钢板桩堰等。因此，沿海城市，如上海、天津等地，修建地下铁道时，在地下水位较高的基坑中有应用；北京地铁一期工程在木樨地过河段也曾采用过。

（1）支护设计。

鉴于工程情况，为确保施工安全，项目部决定采用钢板桩对其基坑进行支护，根据现场条件及公司现有材料设备，基坑分两级开挖，第一级四周 3 m 内将自然地坪降至 −1.82 m 位置。第二级采用钢板桩支护，桩类型为 36b 型工字钢，一顺一丁相扣打入基坑四周，起到支护和隔水的作用，基坑横向长度为 20.0 m，纵向长度 8.5 m，钢板桩长度 10.0 m，距上口 0.5 m 处设钢围檩一道。中间用直径 150 圆管支撑，两个端部设角撑。具体开挖情况为：基坑深度 5.25 m；钢板桩顶标高 2.0 m；入土深度 5.95 m。

（2）施工流程。

施工准备→测量放样→钢板桩施工→基坑开挖→排水设置→消防水池施工→基坑回填→拔桩。

（3）施工准备。

场地平整好，所有材料设备进场，人员组织到位，现场技术员定出钢板桩轴线，留出以后施工的工作面，确定钢板桩施工位置。按顺序标出钢板桩的具体桩位，洒灰线标明。

（4）钢板桩检验。

由于本工程钢板桩只用于基坑的临时支护和隔水，故不需进行材质检验，只对其做外观检验，以便对不符合形状要求的钢板桩进行矫正。以减少打桩过程中的困难，外观检验包括表面缺陷；长度、宽度、厚度、平直度等内容。检查中要注意，对打入钢板桩有影响的焊接件应予以割除，有割口、断面缺陷的应予以补强，若钢板桩有严重锈蚀，应测量其实际断面厚度，以便决定在计算中是否需要折减。

（5）钢板桩吊运及堆放。

装卸钢板桩宜采用两点吊，吊运时每次起吊的钢板桩数量不宜太多，并应注意保护免受损伤，钢板桩对方的位置、顺序、方向和平面布置应考虑到以后的施工方便，堆放的高度不宜超过 2 m。

（6）钢板桩施打。采用单独打入法，及吊升第一根钢板桩，准确对准桩位，震动打入土中，使桩端穿过淤泥层，进入预定深度，吊第二根钢板桩对好企口，震动打入土中。如此重复操作，直至钢板桩帷幕完成。

（7）围檩、支撑、角撑。为加强钢板桩墙的整体刚度，沿钢板桩墙全长设置围檩，围檩由 36b 工字钢组成，用角撑、对撑进行支撑，钢板桩打完后，用挖掘机将围挡范围内土挖至围檩底面位置，在进行围檩与支撑设置施工，围檩与板桩及支撑间采用焊接连接。

（8）基坑开挖。

1）基坑土开挖采用挖掘机开挖，开挖时分层挖取，从中间向两侧挖取。每层厚度控制在 1 m 以内。

2）挖出的基坑土堆放在坑壁 3 m 以外或运营车运走至空旷地带存放。

3）开挖过程中注意时刻观察钢板桩的位移及坑底冒水、隆起等情况，发现异常立即停止开挖，经处理后方可继续。

4）开挖过程中应小心操作，避免对坑壁形成较大的集中荷载冲击，为避免机械对支撑进行碰撞，需设置临时钢管架防护。

5）开挖完成后，在坑底设临时排水沟及集水井两处，随时抽水，坑内不得积水。排水沟不得低于槽底−5.00 m，之后用石碴填实。

（9）消防水池施工。消防水池按照设计图纸及施工方案进行施工，施工期间挖土、吊运、绑扎钢筋、模板支护、混凝土浇筑等作业中，严禁碰撞支撑，禁止任意拆除支撑，不得在支撑上搁置重物。

（10）钢板桩拔除。待到工程回填完成后及时进行钢板桩拔除，用振动拔桩机产生的强大振动扰动土质，破坏钢板桩周围土的黏聚力以克服拔桩阻力将桩拔出。

四、总结

本节简述了西安地铁潏河停车场工程明挖法施工的方法，为以后明挖地下停车场施工提供一定借鉴和指导作用。

第四节　三峡工程地下仓库施工技术

一、工程概况

三峡工程地下仓库布置在长江右岸，共设六台机组，总装机容量为 4 200 MW。总系统由地下仓库、安装场、母线洞、母线竖井连接交通洞及开关站等组成。仓库洞室断面为直墙顶拱型，尺寸为 311.3 m×32.6 m×87.2 m（长×宽×高）。仓库顶拱层开挖于 2005 年 3 月 2 日，按总进度计划于 2007 年 9 月 30 日完成全部开挖与支护工作，目前已开挖至第Ⅲ层。

仓库开挖具有以下特点：

（1）仓库跨度大、边墙高，洞室较长。

（2）开挖及混凝土外观质量要求高。

（3）支护工程量大、类型多，工艺复杂、施工技术要求高。

（4）交叉洞室多，与引水、尾水系统及三峡三期之间的界面关系复杂，施工干扰大。

二、仓库顶拱层施工

（一）施工强度

仓库顶拱层开挖工程量为 11.64 万 m^3，喷混凝土量为 2 718 m^3，锚杆 6 876 根，锚索 135 束（地质缺陷及临时支护工程量未记）。顶拱层开挖于 2005 年 3 月 2 日开始施工，10 月 27 日结束；系统锚杆 5 月 7 日开始施工，11 月 25 日结束。

（二）施工程序与方法

利用 1# 施工支洞作为仓库顶拱层开挖的主要施工通道，由于工期压力大，实际施工过程中，在进场交通洞内增加了一条通至仓库顶拱层右端墙 88.3 m 高程的施工支洞，和 1# 施工支洞形成了双通道作业，施工按照如下原则组织实施：

（1）先进行上部中导洞开挖（断面 8 m×6.5 m），中导洞从 1# 施工支洞延长段开始，按 10% 的坡度升至 95.80 m 高程后，沿水平方向朝仓库右端墙开挖。

（2）两侧扩挖在中部扩挖完成 100 m 后跟进，上下游同时施工，扩挖按"先中间后两边"的原则进行。

（3）两侧扩挖时，设计轮廓面预留 1.5 m 保护层，滞后一排炮开挖，中部下层开挖滞后两侧适时跟进。

详见图 1-18 和图 1-19。

三、高边墙开挖施工

（一）开挖分层原则

（1）根据仓库各部位的结构特点，结合岩锚梁和边墙各层锚索布置高程，以便于施工设备的作业。

（2）合理利用与仓库立体交叉相贯隧洞的不同高程布置条件，有利于施工通道及施工场地的形成。

（3）按照仓库爆破振动速度控制要求，通过合理的施工方法和爆破参数选择来确定开挖层高。

（二）施工程序与方法

仓库自上而下分 11 层开挖，各层又分区、分块进行开挖支护，仓库开挖分层见图 1-20。仓库顶拱层以下均为大体积深槽开挖，每层开挖采取中部梯段槽挖超前，后进行两侧墙保护层开挖，边墙开挖揭露后支护跟进的方法施工。仓库 Ⅱ 层施工程序见图 1-21、图 1-22。

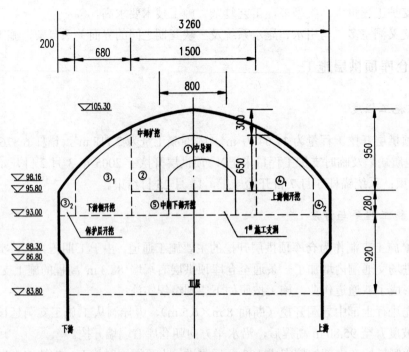

图 1-18　顶拱层开挖分区图

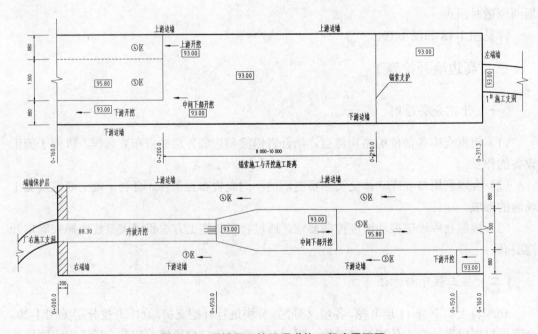

图 1-19　顶拱层开挖双通道施工程序平面图

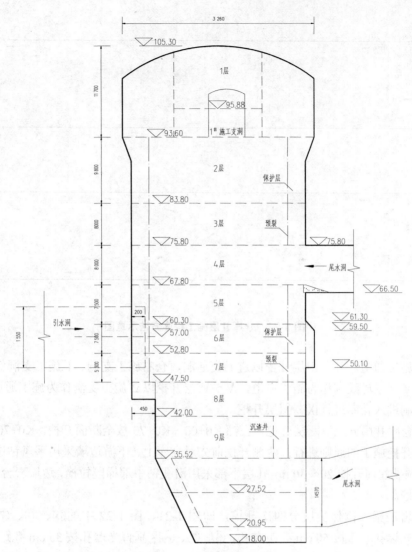

图 1-20　仓库分层开挖图

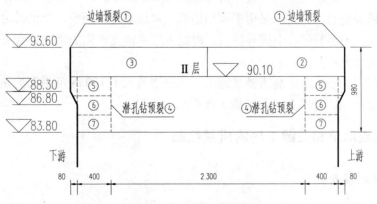

图 1-21　Ⅱ层开挖分区图

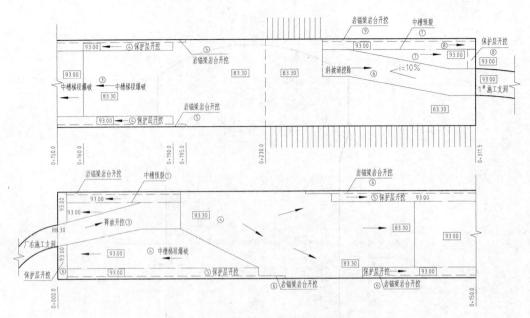

图 1-22　仓库Ⅱ层施工程序方法示意图

（1）施工通道。Ⅱ～Ⅲ层开挖以进场交通洞、仓右施工支洞、1#施工支洞作为施工通道，Ⅳ～Ⅴ层以母线洞作为施工通道，Ⅴ～Ⅷ层开挖以 2#施工支洞作为施工通道，最后，从尾水隧洞进入仓库进行Ⅸ～Ⅺ层开挖。

（2）仓库Ⅱ层分上下两层开挖，上部 K0+00～K0+70 按全断面开挖，K0+70 以后按上下游交替开挖施工的原则进行；两侧开挖前先对仓库上、下游边墙采用手风钻进行预裂爆破，边墙预裂超前开挖 20～30 m；Ⅱ层下部采用潜孔钻中部梯段拉槽，边墙岩台预留 4.8 m 保护层开挖。

（3）岩锚梁部位保护层分四次开挖，即图 1-21、图 1-22 中的⑤、⑥、⑦、⑧区。⑤区垂直光爆孔一律按 50 cm 孔距布孔，⑥、⑦、⑧区垂直光爆孔按 35 cm 孔距布孔，⑤、⑥、⑦区垂直光爆孔线装药密度按 ρ=135～138 g/m 控制，⑧区垂直光爆孔线装药密度按 ρ=135 g/m 控制，斜面光爆孔线装药密度按 ρ=120 g/m 控制，均采用不耦合装药。

（4）中槽开挖时，先超前采用手风钻造孔，对边墙进行预裂，中槽采用预留保护层潜孔钻造孔，梯段预裂开挖；中槽开挖后，根据上层喷锚支护完成情况结合下一层的施工顺序，对边墙进行分块开挖。

（5）分层施工中，采取交错搭接施工。上层边墙大于 100 m 范围支护完成后，下一层中槽逐步跟进开挖。仓库Ⅰ、Ⅱ层施工搭接见图 1-23。

四、重点部位和关键工序的质量控制

（一）顶拱层开挖

顶拱层开挖是整个仓库开挖过程中较为关键的一层，该层周边轮廓线复杂，光面爆破、喷锚支护难度大，技术要求高。该层最大开挖高度 11.7 m，宽 32.6 m。

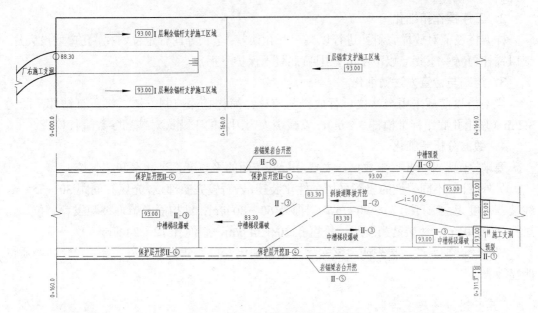

图 1-23　Ⅰ、Ⅱ层施工搭接示意图

由于仓库埋深较浅、局部围岩偏薄，仓库顶拱及边墙受 F22、F84 等断层带影响，为了保证大跨度顶拱施工安全，减小围岩变形，仓库顶部采用支撑法分步开挖，以小跨度掘出边拱，并进行快速支护，及早提供三向应力。顶拱层开挖严格遵循"短进尺、少扰动、强支护、及时封闭、勤观测"的原则。遇不良地质段和楔形块体时，采取超前锚杆或超前小导管预注浆支护，开挖循环进尺不大于 2.0 m，并控制最大单响药量尽量减小爆破对围岩的扰动，开挖后按设计要求及时支护。

（二）左端墙特殊部位开挖

仓库左端上覆岩体薄，是不利于仓库顶拱稳定的重要因素。在开挖过程中，按"小药量、短进尺"的原则进行爆破；左端墙的三角体在形成水平光爆造孔空间后，采用水平光爆孔与垂直光爆孔错孔的双面光爆设计将三角体挖除。

（三）仓库直立边墙的开挖控制

保证直立边墙的开挖质量的关键因素是周边孔钻孔质量，在施工过程中采用垂直固定装置确保钻孔精度，通过钢管约束钻杆，同时钢管内加夹片减小钻杆在钢管内的活动空间。

（四）岩锚梁岩台开挖控制

为了确保开挖质量，岩锚梁大规模开挖之前共进行了四次试验，试验暴露出以下几个问题：周边孔光爆孔线装药密度过大导致无残留炮孔；垂直孔孔底不在一条线上；下拐点超挖过大平均达到 12 cm；特殊部位无针对性爆破设计。针对暴露出来的问题，提出了四个精细化：

1. 控制标准精细化

开孔偏差 1 cm，孔斜偏差 20；孔间距、孔深偏差 3 cm。

2．工序操作精细化

样架搭设前对放样底斜孔进行以减少开孔误差；全长导向管定位斜孔，孔口增设夹片；锁口锚杆+角钢+下拐点以下 1 m 范围喷混凝土保护下拐点。

3．控制与检查方法精细化

样架搭设前后采用全站仪进行放样与校核；简化孔深控制方法，将所有钻杆截断为 3.2 m（理论孔底距标准横杆 3.2 m），以减少人为因素的干扰；对装药参数进行检查。

4．数据分析精细化

要求排炮结束 4 h 后出数据，主要分析开挖面的平整度、半孔率和超欠挖。

另外，针对不同岩性的岩石采用个性化装药，岩石较完整部位，光爆孔间距 30～35 cm，线装药密度为：垂直孔 70～90 g/m，斜面孔 60～80 g/m；结构面及节理裂隙发育部位，光爆孔间距 30 cm，线装药密度为：垂直孔 20～34 g/m，斜面孔 12～24 g/m。

岩锚梁开挖后的效果表明，落实"四个精细化"和"个性化装药"后，岩台开挖质量明显改善。

（五）锚杆的质量控制

（1）系统锚杆全部放样，并加强对造孔的控制，终孔抽检比例不低于 10%，监理按 1% 抽检。

（2）对上仰的不同倾角的孔，根据孔的渗水情况采用不同的砂浆稠度。

（3）张拉锚杆采用先注浆后插杆的工艺，同时将传统使用风枪注装锚固卷的方式改为注浆机进行散装锚固剂注浆的方式。

（4）6 m 以下的锚杆采用先注浆后插杆的施工工艺，并根据实际效果进行了必要的工艺改进；6 m 以上的锚杆采用先插杆后注浆的施工工艺。

（六）锚索的质量控制

以全站仪对孔位进行放样，钻孔过程中以孔的直线度控制为重点，孔内每钻进 3～5 m 安装一个扶正器，防止钻杆在重力的作用下弯曲；对灌浆过程中出现的止浆环无法止浆、灌浆管爆管等问题及时在结构上进行改进。

五、开挖过程中的爆破振动控制

爆破振动控制是仓库施工过程中的重点之一，爆破振动控制是否合理直接影响到大跨度顶拱、高直立边墙及岩锚梁结构的安全。为了解爆破振动对非开挖岩体和需保护部位的影响和破坏情况，必须通过爆破试验与施工过程中质点振动速度监测数据对比分析，从而选择合理的施工方法及爆破参数。

（一）爆破参数及设备

顶拱层开挖采用的是常规的爆破开挖方法，即中导洞超前，两侧扩挖跟进，V 型掏槽，非电毫秒微差爆破、电雷管起爆。顶拱周边采用光面爆破。顶拱层以下各层台阶开挖边墙预留 3.0 m（岩锚梁以上 3.8 m）厚保护层，再进行保护层刷帮爆破。

采用侧卸装载机、配合自卸汽车出渣，出渣完毕后利用反铲清除工作面积渣，为下一循环钻爆作业做好准备。顶拱层开挖爆破的主要参数及主要设备如表 1-1 所示。

表 1-1　主要爆破参数及设备

项目	厂房 I 层	II 层台阶开挖
主爆孔孔深、孔径	300 cm、42 mm、水平方向	750 cm、90 mm、垂直方向
主爆孔孔距	90～122 cm	300 cm
主爆孔药卷直径	32 mm	70 mm
光爆（预裂）孔孔深、孔径	300 cm、42 mm	700 cm、76 mm
光爆孔孔距	50～60 cm	100 cm
光爆孔药卷直径	25 mm	32 mm
光爆孔线装药密度	0.167 kg/m	0.371 kg/m
单位耗药量	0.64～0.82 kg/m³	0.52 kg/m³
钻孔设备	手风钻	手风钻
出渣设备	3～3.8 m³ 装载机 5 t、15 t 自卸汽车 沃尔沃 290B 反铲挖掘机	3～3.8 m³ 装载机 5 t、15 t 自卸汽车 沃尔沃 290B 反铲挖掘机

（二）预控性爆破试验

选择在 I 层中导洞开挖初期进行仓库 I 层开挖爆破试验，I 层开挖结束、II 层开挖之前在 I 层进行仓库 II 层的预裂爆破试验，II 层左端墙进行 III 层边墙预裂爆破试验。

根据试验测试成果分析，初步找到对爆破振动的控制方法，形成预控方案如表 1-2 所示。

表 1-2　开挖爆破单响药量及爆破距离控制表

项目	龄期	允许爆破范围	最大单响/kg	
			预裂（光面）爆破	拉槽梯段爆破
砂浆锚杆	0～3 d	15 m 之内	不允许爆破	不允许爆破
		15～30 m	10（15）	40
		30～50 m	22（30）	80
		50 m 以外	按施工技术措施要求控制	
	3～7 d	30 m 之内	25（38）	80
		30 m 之外	按施工技术措施要求控制	
	7 d 以后		按施工技术措施要求控制	
喷混凝土	0～6 h	15 m 之内	不允许爆破	不允许爆破
		15～30 m	5（8）	40
		30～40 m	10（15）	80
		40～60 m	25（38）	120
		60 m 之外	按施工技术措施要求控制	
	6～24 h	15 m 之内	5（8）	不允许爆破
		15～30 m	10（15）	40
		30～50 m	25（38）	120
		50 m 之外	按施工技术措施要求控制	

项目	龄期	允许爆破范围	最大单响/kg	
			预裂（光面）爆破	拉槽梯段爆破
喷混凝土	1~3 d	15 m 之内	10（15）	40
		15~30 m	25（38）	120
		30 m 之外	按施工技术措施要求控制	
	3 d 之后	按施工技术措施要求控制		
锚索注浆	0~3 d	30 m 之内	不允许爆破	不允许爆破
		30~40 m	8（12）	不允许爆破
		40~50 m	12（18）	40
		50~60 m	15（23）	80
		60~70 m	25（38）	120
		70 m 之外	按施工技术措施要求控制	60 m 范围之外
	3~7 d	15 m 之内	8（12）	不允许爆破
		15~30 m	10（15）	40
		30~50 m	15（23）	80
		50 m 之外	按施工技术措施要求控制	
	7 d 以后	10 m 之内	10（15）	40
		10~30 m	25（38）	120
		30 m 之外	按施工技术措施要求控制	

（三）开挖过程中的爆破振动控制措施

（1）为了减小爆破振动对岩锚梁新浇混凝土的扰动，岩锚梁混凝土浇筑时机选在Ⅲ－1层开挖 120 m 且Ⅲ－2层周边预裂 100 m 后进行施工。

（2）在开挖过程中，严格控制爆破距离和爆破单响药量，中部梯段爆破采取单孔单响，混凝土浇筑 3d 内，安全质点振动速度控制在 1.5~2.0 cm/s，3~7 d 内控制在 2.0~5.0 cm/s，7~28 d 内控制在 5.0~7.0 cm/s。

六、施工过程中支护参数的动态调整

施工过程中的支护参数，重点强调动态监控，根据围岩变形观测资料和实际暴露出的地质状况，不断调整支护参数。取消顶拱层系统预应力锚索、改用随机锚索就是支护参数动态调整的一个典型例子。

仓库顶拱层部位原支护参数为喷 C30 钢纤维混凝土，ϕ 32、L=9 m 张拉锚杆及ϕ 32，L=9 m 砂浆锚杆相间布置，同时布置 240 束 250 t 级无黏结预应力锚索。在中部扩挖完成 120 m 时，根据多点位移计和收敛观测资料分析，发现顶拱围岩变形在支护和未支护两种情况下均小于国内同等条件的小湾电站、龙滩电站。考虑到三峡地下电站较前两个电站仓库岩石结构好，且顶拱无粘结锚索造孔、安装难度大，经过专家咨询和各有关单位的充分论证，最终取消了顶拱层布置的 240 束预应力锚索，承包商在实际支护过程中根据开挖所揭露的实际地质状况进行随机锚索支护。

七、开挖与支护质量评述

资料分析表明,仓库各层总体开挖质量不错,平均超挖 8.5 cm(截至 2005 年底的资料,下同),半孔率大于 94%,开挖面不平整度小于 10 cm;仓库锚杆密实度无损检测,张拉锚杆检测优良率 95%,砂浆锚杆优良率 88.6%。

1. 喷射混凝土

(1)厚度检测:仓库断面检查距离 15 m,共 64 个断面,检测点 720 个,达到优良标准断面 96.9%,合格断面 100%。

(2)喷射混凝土取芯密度检测:2.22~2.37 t/m^3,大于设计指标 2.2 t/m^3。

(3)喷射混凝土与岩面黏结强度:0.35~1.09 MPa。

(4)喷射混凝土层间黏结强度:1.6~2.1 MPa。

2. 锚索

(1)孔轴线偏差情况:小于 1%的占检测总数的 34%,小于 2%的占 72%,小于 3%的占 100%。

(2)灌浆情况:实际灌浆量约为理论灌浆量的 110%。

(3)张拉情况:钢绞线实际伸长值与理论值偏差 2%~9.3%。

(4)监测锚索(12 束)锁定损失率 7.6%~15.8%,锁定后累计损失率 2%~10%(其中一束较大,达到 12.6%)。

(5)验收:仓库三束锚索,超张拉 33%,满足设计要求。

八、结论及总结

1. 结论

(1)合理安排施工次序、合理分层,保证通道畅通,充分发挥机械设备的效率。由于仓库系统洞室纵横交错,布置集中,在施工时间和空间、洞室自身的稳定、施工的通道等方面各洞室都相互联系、相互制约。因此,在仓库系统开挖中利用施工支洞立体作业,各层分步骤交叉开挖及支护,根据设备情况确定分层厚度及钻孔方向等,保证了开挖顺利进行。

(2)通过采用配套设备、全面机械化施工,来满足高强度施工的需要。仓库系统的开挖及支护工作量大,从钻孔、装药、装渣、运渣、撬挖到喷混凝土、锚杆和锚索钻孔、注浆及安装等,每一道工序承包商都采用配套的机械施工,从而提高了生产效率。

(3)严格控制洞室交叉口处的爆破并加强该部位的支护。洞室的交叉口是应力相对集中的地方,也是围岩扰动最严重的部位,因此在爆破前打超前锚杆,爆破后及时打锁口锚杆,以保证洞室的安全和稳定。

2. 总结

本文阐述了三峡工程地下仓库明挖法施工技术,为以后类似的地下仓库明挖施工提供了一定的借鉴和指导作用。

第五节　石家庄地下商场明挖法工程施工技术与工程应用

一、工程简介

伴随着城市的发展建设石家庄市中山东路及中山西路的商业、环境、形象及其他各方面都需要进一步提升。通过地下空间的开发既扩充了该地段的商业容量形成了具有全新内涵与特色的街道环境，又充分发挥其公共价值、商业价值及土地价值成为提升城市商业地位的动力源泉。

本工程建设位于中山东路大经街至建设南大街和中山西路中华北大街至站前街路段地下位置。此项目由河北同有投资有限公司投资开发，河北同有投资有限公司是由黑龙江嘉昌集团和北京华润集团注资成立。此工程项目总建筑面积约 92 000 m^2，总投资约 92 000 万元人民币，是集餐饮、休闲娱乐为一体的地下商场。

工程建设地点为石家庄市中山东路和中山西路地段，该工程的建成可促进步行街商圈成为休闲、购物于一体的商业建筑。由于地下街是商业与地下步道相结合，因此可方便人流在地下通行，真正做到人车分流安全便捷，既不影响交通又促进市场繁荣。我国城市地下街建设的经验表明，地下街建设经济效益突出，不仅对我国经济有贡献，而且对国家、企业、个人均有利，是利国、利民、利社会的好项目。

地下商场的战时功能为二等人员掩蔽部及战备物资库。其战备效益显著，地下工程是能够防御敌空袭打击的工程，在发生战争及意外灾害时可迅速隐蔽及转移人员、保护物资，有效解决城市防护面积不足的问题，同周边人防工程相连接增强机动防护能力具有深远的意义。地下商场示意图见图 1-24。

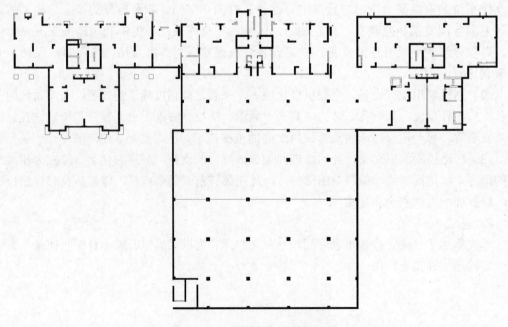

图 1-24　石家庄地下商场示意图

地下工程施工时，在埋深较浅的情况下，广泛采用明挖法。明挖法是从地表开挖基坑或堑壕，修筑衬砌后用土石进行回填的浅埋隧道、管道或其他地下建筑工程的施工方法。

二、明挖法施工方法介绍

（一）板桩法

板桩的类型及施工程序。

板桩法是明挖法施工维护坑壁稳定的一种手段。特别是在施工场地受限制的条件下，是基坑开挖经常采用的一种临时支护方法。根据基坑的深度与宽度，板桩形式可分为无支撑板桩和有支撑板桩。若基坑深度较浅，在地质条件允许时（即地下水位很低且土质密实时），可采用无支撑的悬壁式板桩，见图 1-25（a）。当基坑深度较深，基坑宽度不大时，可设一道或多道水平支撑，见图 1-25（b）、（c）。

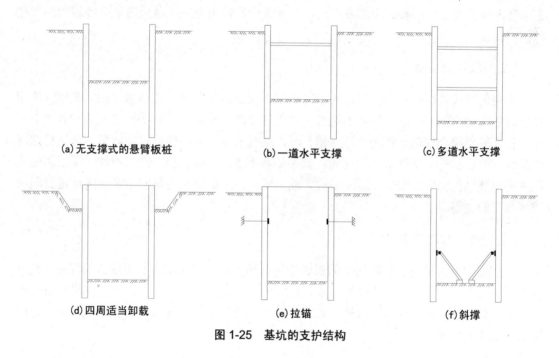

（a）无支撑式的悬臂板桩　　　（b）一道水平支撑　　　（c）多道水平支撑

（d）四周适当卸载　　　（e）拉锚　　　（f）斜撑

图 1-25　基坑的支护结构

为了减少板桩长度或土压力，可将基坑四周适当卸荷，采用图 1-25（d）的形式；基坑宽度比较大或支撑影响施工时，可采用图 1-25（e）或（f）所示的形式，用拉锚代替水平支撑或用斜撑。

板桩法施工程序为：先将工字钢打入基坑周围土体中至要求深度（通常 3～5 m），然后分层挖至安装横撑深度时安装横列板、设置横撑。按此程序自上向下重复地挖到基底为止。

（二）旋喷法

旋喷法（又称高压旋喷）是用钻机钻孔至需要深度后用高压脉冲泵，通过安装在钻杆底端的喷嘴旋转向四周喷射化学浆液。同时旋转上提，用高压射流破坏土体结构并使破坏的土体与化学浆液混合，胶结硬化形成上、下直径大致相同，具有一定强度的圆柱体。

高压旋喷法用途较广，不仅可以用于深基坑开挖，也可做成连续墙用于防渗止水，提高地基抗剪强度、加固地基、改善土的变形性质、稳定边坡等。

旋喷法所用高压泵为往复式活塞泵，工作压力在 20～25 MPa。喷嘴由耐磨钨钴合金制成、喷出口径为 2～3 mm，化学浆液目前常用水泥浆加速凝剂，旋喷柱的直径可达 50 cm 左右。柱体的极限强 3～5 MPa。

高压旋喷法的旋喷柱可分单管、二重管、三重管三种。单管旋喷法用单一的固化浆液射流进行工作，浆液从喷嘴喷出冲击破坏土体，借助旋转、提升运动进行搅拌混合；二重管旋喷法，使用同轴双重喷嘴，同时喷出高压浆液和空气双介质射流，冲击破坏土体，即将 20 MPa 左右床力的浆液从内喷嘴高速喷出，0.7 MPa 左右压力的压缩空气从外喷嘴中喷出。此法，可使固结体的直径明显增加；三重管旋喷法是使用输送水、气、浆三种介质的三重注浆管。20 MPa 左右的高压水射流和气流同轴喷射土体形成较大的空隙，同时由泥浆泵注入压力为 2～5 MPa 的浆液填充，三重管边旋转边提升，最后形成立径较大的圆柱状固结体。

（三）敞口放坡法

采用敞口放坡明挖法施工时，为了防止塌方保证施工安全，在基坑（槽）开挖深度超过一定限度时土壁应做成有斜率的边坡。以保证土坡的稳定，工程中常称其为放坡。

在开挖不符合规范条件的基坑（槽）时，就有确定土方边坡稳定的问题。边坡稳定问题是敞口放坡法施工中最重要的问题。如果处理不当，土坡失稳，产生滑动，不仅影响工程进展，甚至危及生命安全，造成工程失败。所以，土坡稳定是既安全又经济地进行敞口放坡施工的关键。

三、施工方法选择

本次施工方案采用的明挖法中的板桩法进行施工。该方法结合了明挖法的优点，充分发挥了明挖法施工的长处。此施工方案以道路中央隔离带为中心围挡封闭一侧道路进行施工，另一侧道路可正常行驶。该施工方案不影响交通只进行疏导限流，力争在 6 个月完成路面施工恢复交通。

（一）施工顺序

明挖法是先从地表向下开挖基坑或堑壕直至设计标高，再在开挖好的预定位置灌注地下结构，最后在修建好的地下结构周围及其上部回填，并恢复原来地面的一种地下工程施工方法。

明挖法施工顺序示意图参见图 1-18。明挖法施工的基本顺序为：打桩（护坡桩）→路面开挖→埋设支撑防护与开挖→地下结构物的施工→回填→拔桩（也可不拔）恢复地面（或路面）。明挖法可分为护坡桩法明挖、敞口放坡明挖、旋喷桩护坡明挖及槽壁支护明挖等方式。其中，敞口放坡法又分为降水和不降水敞口放坡明挖法。

在城市交通、市容和居民生活环境允许的情况下，隧道和地下工程应采用明挖法施工。明挖法施工与矿山法、盾构法、沉管法、沉井法相比便于机械化施工，进度快、造价低、风险小。明挖法施工分为放坡开挖和附加基坑围护结构的基坑开挖。场地开阔，土体有一定的自立性，则应采用放坡基坑开挖；场地狭小，土质松散，地下水位高，无法采用放坡开挖时，必须先施做围护，在围护结构体系保护之下挖土。深基坑开挖坡度选择不合理，坡顶超载，地下水渗流和动水压力引起的流砂现象，围护支撑设计不合理，架设不及时都会影响基坑土体稳定性。即使在场地空旷地区，基坑位于江海大堤、公路、桥梁、高压输电塔和其他重要建筑物的邻近时，也一定要严格防范基坑施工可能引起的地表变形及边坡失稳，要充分注意在地层较软弱地区，盲目性较大的施工情况下，容易引起边坡失稳塌陷，造成安全事故和殃及市政环境。1594 年，上海市区广东路和湖北路交界处昌都大厦深基坑支护崩塌。由于电缆断裂，造成南京东路重要商业区大面积停电，影响了城市正常的经济和文化生活；上海某引水工程，原设计要求挖到离地面约 9 m 处，并采用井点降水，以 1：1.5 的坡度开挖并设置两个 2 m 宽的平台（马道）。但施工单位来自外地，对上海地区土质情况不熟悉且无井点设备，以 1：1.75 的坡度直接下挖，现场离地表 5 m 处有一粉质黏土层，因雨天多日停工，天晴后用三班制抢做钢筋混凝土箱涵。由于粉质黏土粒不断地随地下水渗出，突然有大半个篮球场地大小的土坡，从 4 m 高度滑坍下来，造成 1 人埋入土中，3 人死亡的恶性塌方事故；上海地铁某标段曾发生大面积的土方滑移，使已建成的连续墙两个槽段倾倒，钥管支撑连续失稳崩落。90 年代中期，因为基坑支护开挖方法不当，引起基坑损坏导致经济和生命损失的事故时有发生。因此，对每一个明挖法施工的基坑工程，必须做到详细的地质勘探和环境调查，按照地基基础工程和基坑围护结构的设计规程，选择合理的支护体系，制定严密的施工组织设计和环境保护措施，加强施工监测。将施工监测数据及时反馈修改支护设计，达到信息化施工的目的。

（二）放坡开挖

放坡明挖法是隧道及地下工程基坑开挖最常用的方法。在有地下水的工况下，应特别引起注意。依开挖深度，土质的情况，地下水的发育紊流状况，挖土机械条件，使用不同理论公式计算出放坡的坡度，对照工程实践的经验。给出合适的安全度。上海地区的经验是在开挖浅基础时，地下水位以上可垂直开挖，在地下水位以下，边坡采用 1：0.5～1：1.1 在表层土以下开挖，在深度小于 3 m 且无流砂现象时，边坡可采用 1：1～1：1.5。

当开挖基坑超过 5 m 时，可分层放坡，每层放坡坡度不同。相邻放坡间设马道。基坑内土体的挖掘，除人工挖土外，有机械铲斗挖土和水力机械冲刷出土。机械铲斗挖土使用的挖土机有反铲挖土机、拉铲挖土机、抓铲挖土机。反铲挖土机适合于开挖基坑深度 4～6 m，比较经济的挖土坡度为 1.5～3 m，适用于含水量丰富地下水位高的土壤；拉铲挖土机不及反铲挖土机灵活，适用于挖掘停机面以下的 I～II 类土，开挖较深、较大的基坑，还可挖取水中的泥土；抓铲挖土机可以在基坑内任何位置上挖土，深度不限，并可在任何高度上卸土（装土），抓铲挖土机用于开挖土坡较陡的基坑，可以挖砂土、亚黏土或水下土方等。用水力机械冲刷出土适合于饱和淤泥质黏土、亚黏土、粉质黏土、黏土夹薄层粉细砂等软土，先用高压水枪冲刷切割土体，将土体混合成泥浆，水力吸泥机或泥浆泵泵送至基坑外的泥浆池。

（三）基坑围护结构的施工

对于大型的深埋隧道和地下工程明挖法施工，必须先做好围护结构系统，在围护结构的保护下开挖土方、地下工程结构的施工。一个完整的支护结构系统主要包括护墙、围檩、支撑和立柱。

（四）地下连续墙施工

地下连续墙施工工艺和技术要求：由于地下连续墙一般多用于施工条件较差的情况，其工程的质量施工期间不能直接用肉眼观察，一旦发生质量事故返工处理十分困难。要使开挖后地下连续墙有很高的垂直精度和水平精度，垂直和水平方向有连续均匀的抗弯强度和防水性能，必须编制周密施工组织设计，采用先进的施工工艺和严格的技术管理。

（五）施工技术难题和对策

（1）成槽精度和连续墙质量。挖槽是地下连续墙施工中的关键工序。我国地下连续墙施工中，目前应用最多的是吊索式导板蚌式抓斗、导杆蚌式抓斗，冲击钻式和回转多头钻式挖掘机，尤其前三种最多。这些挖掘机大多数是参照国外产品研制的，也有少数国外进口的。施工人员技术不熟练，常造成植精度不高，如槽壁垂直度不高，泥浆做分离技术工艺不完善，常使制作的泥浆重度、黏度、泥皮形成能力（失水量、泥皮厚度），含砂率、含砂量、含盐量、pH 值、重力稳定性（析水试验）等达不到稳定格壁悬浮泥碴的要求。由于上述原因，常有塌孔，沉碴堆集，成槽形状不规则。特别是接头部位夹泥，用导板式蚌式抓斗，拖板刮削不净，造成连续墙中含有夹泥孔洞，大大降低承载力和防水性能。现有的采用线绳悬吊钢筋头子，凭手感测泥碴厚度方法也较落后。泥碴未清彻底，直接影响地下连续墙与基底的嵌固。日本、德国使用计算机监控的旋转式掘削机。开槽垂直箱度达1/2 000，凭超声波扫描检测仪、可绘出孔底的形状和泥碴堆积厚度。大功率的射流泵，向槽底喷射比重小的稳定液，把积聚在槽底的沉碴从一侧赶向另一侧，同时开启另一台吸收泵，通过吸管把比重较大的沉碴从另一侧吸出，为了避免混凝土中混合有泥浆，采用高流动性，高充坡性混凝土，从而保证地下连续墙的工程质量。

（2）地下连续墙的接头构造。地下连续墙承受来自垂直和水平方向的自重、水土压力及地震动荷载，要求槽段之间钢筋尽可能贯通，混凝土质量尽可能均匀，不至于形成接头处成为刚度和强度薄弱部位。目前国内常用的接头施工方式有锁口管接头、接头箱接头和隔板式接头。水平贯通钢筋和弯曲钢筋穿过 H 形或十字形接头钥板。钢筋直径、根数、搭接长度，都能满足地下连续墙抗剪切和弯曲强度和刚度，这种形式的结构接头称为刚性接头。槽段接头仅靠绕过锁口管的水平钢筋贯通，无接头钢板加强，称之为柔性接头。槽段接头型式取决于实用要求。国内外不少科研机构对连续墙的接头受荷载破坏机理进行了大量的模型试验和承载能力验证。

（3）地下连续墙接头防水。地下连续墙的接头处是最易渗漏水的部位。接头处夹泥，施工缝处新旧混凝土不能充分结合，高水头地下水长期作用渗水很难避免。由于地下连续墙的渗漏水，使得地下工程内部的使用环境受到限制。日本使用高分子尼龙布包裹新旧槽段接头，达到可靠的防水效果。上海宝钢冶金建设公司以液压抓斗为成槽设备，以嵌有橡胶止水带的接头板封堵接头施工方法,在上海高层建筑地下室连续墙施工中取得了显著的进展,并获得成果专利。橡胶止水带由接头模板固定紧贴槽段端头,随钢筋笼垂直吊入。混凝土浇注 12h 后,利用"脱模器"对防水接头脱模。防水接头模板待相邻槽段成槽且清底之后才拔出。接头模板始终保护已浇注混凝土的槽段端头,避免端头被成槽的泥浆污染,使槽段间混凝土可以很好地连接,消除接头渗漏的隐患。

(4)复合墙的连接构造。地下连续墙一般作为地下街、地铁车站、高层建筑地下室施工阶段的围护结构,建成后使用阶段承载能力往往不足,在防水、装修和其他性能方面不能满足长期使用要求。连续墙墙内再立模浇筑一定厚度的混凝土内衬,形成连续墙和内衬共同作用的复合墙结构。在泥土中构筑的地下连续墙,土体开挖后很难达到表面平整、光洁、无渗水的要求。因此,加做现浇混凝土内衬是很必要的。如何使连续墙和内衬整体结合共同作用,如何加强地下连续墙与内部地下工程顶底板的连接。使施工和设计者颇费脑筋。在内部土体开挖露出堵体时,凿开预埋连接钢筋处的墙面,将露出的埋件与后浇内衬砌的配筋连接一体,再浇筑内衬混凝土。

四、总结

本文简述了石家庄地下商场工程明挖法施工的方法,这是一种可行的施工方法,可为以后明挖地下商场施工提供一定借鉴和指导作用。

参 考 文 献

[1] 陈星,罗赤宇,向前,等. 地下工程[M]. 北京:中国建筑工业出版社,2007:128-141.

[2] 陶龙光,刘波,侯公羽. 城市地下工程[M]. 北京:科学出版社,2011:92-122,163-190.

[3] 邹增强. 西安滈河停车场区间跟随所接地施工方案设计[J]. 山西建筑,2012,38(12):113-114.

[4] 姚进. 西安地铁滈河停车场出入线基坑支护方案优化设计[D]. 西安科技大学,2010:8-13.

[5] 徐辉,李向东. 地下工程[M]. 武汉:武汉理工大学出版社,2009:64-74.

[6] 高水琴. 放坡开挖基坑的施工技术[J]. 科学技术与工程,2010,10(3):818-821.

[7] 李晓鹏. 溪洛渡水电站地下厂房施工关键技术研究[D]. 四川大学,2005.

[8] 杨松堂,侯新宇. 某大型地铁换乘站深基坑工程施工关键技术研究[J]. 江苏广播电视大学学报,2011(3).

[9] 盛莉. 地铁车站主要施工工法比较与浅析[J]. 安徽建筑,2009(3).

第二章　浅埋暗挖法施工技术与工程实例

第一节　常州市文化宫广场过街通道浅埋暗挖施工技术

一、引言

浅埋暗挖是指在浅埋地层中（一般指覆盖层厚度仅 3～6 m），以新奥法（NATM）原理为指导，无盾构掩护下的隧道施工技术。20 世纪 90 年代该技术在城市地下工程发展很快，尤其是在地铁区间隧道及城市地下停车场和城市过街通道施工过程中应用广泛。

目前，尽管该技术在地下水位较低的北方城市已取得可喜的效果，但在软土地层中的应用研究和施工实例较少，尤其是大跨箱型结构的浅埋暗挖工程更属空白。常州市通过在文化宫广场过街通道工程使用该施工技术，取得了极大的成功，为开拓华东地区浅埋暗挖城市地下工程领域市场积累经验。

二、工程概况

常州市文化宫广场过街通道工程位于常州市中心，延陵西路和和平北路交叉口处，其东侧为市工商银行和常州家电城，西侧为文化宫广场主体工程。通道横穿和平北路，为文化宫广场至工商银行的地下人行通道。

和平路过街通道设计净空尺寸为 11.512 m×4.68 m，通道全长 41.683 m。东西两侧明挖段长度共计 15.183 m，暗挖段长度 26.5 m，暗挖段覆盖层厚度 1.6 m 左右，属超浅埋暗挖地下工程。

三、工程地质和水文地质概况

（一）工程地质概况

根据土的透水性、颗粒组成、抗剪强度指标及静力触探指标，结合土壤的分布规律，将该范围内的土体划分为 10 个单元土层，而按实际开挖后揭露情况，大致可将开挖层分为：杂填土（1～3 m）、粉质黏土（3～6 m）、粉砂质黏土（大于 6 m）三层。

（二）水文地质概况

工程所在区域地下水主要为上层滞水和承压水，其中上层滞水分布在杂填土层中，水量较少，补给源主要为大气降水和地表水；而承压水是本工程区域内的主要地下水，其水量丰富，由长江水间接补给。

四、过街通道综合施工技术

（一）井点降水设计及施工

为改善开挖条件，提高土层物理力学参数及增加基坑和通道的安全储备，该工程采用了管井重力式降水。

该过街通道工程共设四个降水井。采用钻机成孔，钻孔孔径 600 mm，井深 20 m，泥浆护壁。管井采用 ϕ360 钢筋混凝土井管，井管四周则用 2～3 mm 人造砂回填。

（二）大管棚施工

由于该工程在超浅埋饱和软土地层中进行施工，结构矢跨比为 0，高跨比为 0.32。为确保通道暗挖施工过程中土体的稳定性，防止坍塌，控制地表下沉量，在暗挖段结构顶板上 350 mm 处施做大管棚，使拱部形成一个整体受力结构。

大管棚全长 26.5 m、采用 ϕ108 无缝钢管，由 2.5 m、3 m、4 m 等不同长度组合而成。管与管之间采用 20 cm 长连接套连接，间距 350 mm。为防止地面隆起，注浆压力严格控制在 0.2 MPa，而注浆材料则使用单液水泥浆。

（三）暗挖段施工

通道暗挖施工是工程成败的关键，成功与否，对在华东软土地层中进行浅埋暗挖施工城市地下工程有至关重要的作用。

在通道暗挖之前，为使路面车辆所引起的集中荷载转变为均布荷载，保证施工顺利进行，在快车道路面上铺设 32 mm 厚钢板。同时车辆限载不大于 12 t，限速 5 km/h。

1. 开挖方法

暗挖段开挖采用台阶法施工（见图 2-1、图 2-2），上下台阶均分部开挖，台阶错距 2～3 m。错距 3.0～4.0 m。在施工过程中根据监测反馈结果来调整台阶错距。上、下台阶每循环进尺 60 cm。

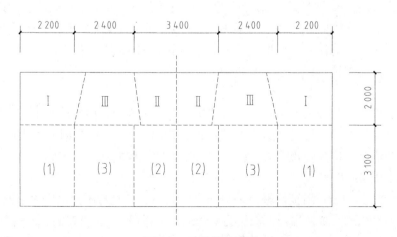

图 2-1 暗挖段开挖图

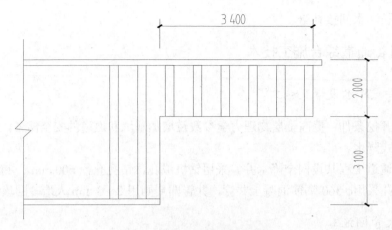

图 2-2　暗挖段开挖台阶长度图

2. 初期支护

暗挖段初期支护采用"喷+锚+网+钢桁架"的联合支护形式。每分部 I16 工字钢桁架架设后，除侧墙打设 ϕ16L=3 000 mm 间距 1 500 mm 的梅花形布置土锚杆外，拱部及侧墙挂 ϕ8 钢筋网（150 mm×150 mm）。利用潮喷法喷射 C20 混凝土，顶板、墙喷射混凝土厚度均为 25 cm，施工时在拱部预埋竖向钢筋便于顶板钢筋施工。

3. 临时钢支撑体系

该过街通道为大跨框架结构，其顶、底板大小直接关系着地表和拱顶沉降量，初期支护随开挖所立临时钢管支撑不仅具有支护作用，而且还有减跨和确保施工安全的作用，也是防坍、防沉的重要措施之一。

临时钢支撑采用 ϕ159 钢管，沿通道横向设 6 道，沿纵向每 60 cm 设一道。临时钢管支撑紧随钢拱架设，开挖后通道应及时支护。为改善支护受力状态及防水要求临时支撑钢管两端焊接 300 mm×300 mm×22 mm 钢板、支撑垫板采用 500 mm×500 mm×22 mm 钢垫板，下部对称焊 S22 鱼尾钢板，便于千斤顶施加顶紧力。

4. 临时钢支撑托换

支撑托换的原则是先撑后拆，即先支撑并施加预应力，最后拆除上台阶各部位临时支撑。托换支撑由上撑块、柱身、下承块和顶紧鱼尾板四部分组成。上、下承块采用厚=22 mm、40 cm×40 cm 及不同厚度钢板组成。立柱则用 ϕ159 钢管加工，通过液压千斤顶施加顶紧力，使立柱起到顶紧与卸荷作用。单根立柱承载力不小于 15 t。支撑托换施工应严格控制顶紧力，预加顶紧力为立柱容许承载力的 0.2 倍。

5. 回填注浆

为确保初期支护与顶板土密贴，初支结构受力更趋合理，控制地表下沉，喷混凝土前埋设 ϕ48 注浆管，注浆管沿通道纵向和横向间距均为 3.0 m，待喷射混凝土达到一定强度后，立即回填注浆。但为防止地表隆起，注浆压力严格控制在 0.2 MPa。

6. 二次衬砌施工

暗挖段全长 26.5 m，顶板混凝土采用一次性浇筑。二次衬砌混凝土采用商品混凝土，底板混凝土为 C30S8，墙及顶板混凝土为 C40S8。暗挖段二次衬砌和初期支护之间不设防水板，设计为结构自防水。二次衬混凝土采用早强技术，浇筑 7 d 后要求混凝土强度达到设计强度的 70%。顶板混凝土浇筑时由于距离长，又处于暗挖段，为保证顶板混凝土与初级支护混凝土密贴，加强混凝土的和易性，其坍落度严格控制在 20～24 mm。

利用顶板上层钢筋绑扎好后，在紧靠上层钢筋部位水平安装的 7 根混凝土输送管（3 根主管，4 根副管）进行混凝土浇筑。

由于顶板混凝土采用 26.5 m 长一次性整体浇筑，为防止浇筑过程中产生堵管现象和确保混凝土在顶模上良好的流动性能，利用三台地泵同时进行浇筑，而且每根管浇筑前需先浇筑砂浆。浇筑时，暗挖段中部混凝土浇满后，利用输送混凝土的压力，使混凝土向暗挖段两端回流。混凝土是否注满，通过设计量与实际浇筑量进行比较，并通过混凝土检查孔检查来确定。实际浇筑过程中泵送最大压力达 30 MPa。如 3 根主管不能将顶板混凝土两端全部注满，再行利用 4 根副管进行辅助灌注；并且为保证混凝土浇注满，沿两端明挖段部分砌筑高 50 cm 的 240 mm 砖墙。

为确保初期支护和二次衬砌之间填充密实，使结构均匀受力，在顶板二次衬砌混凝土达到 7 d 强度后，并且在没有拆除支撑和模板情况下利用预埋充填注浆管，向两次混凝土衬砌之间注单液水泥浆。为防止由于注浆压力过大，造成二次衬砌混凝土开裂，注浆压力应严格控制在 0.2 MPa 以内。

五、结构防水

通道由于采用结构自防水，初期支护提高喷射混凝土的密实性，减少其收缩变形裂缝，是达到防渗目的的第一道防线。而二次衬砌商品混凝土的配合比、混凝土骨料、水泥用量、外加剂掺量等因素都是影响混凝土抗渗性能的，因此现场施工时各个环节均需层层把关，确保浇注混凝土质量，从而满足抗渗要求。具体二次衬砌混凝土各组分掺量见表 2-1。

表 2-1　二次衬砌混凝土各组分掺量表

项目	水泥用量/（kg/m³）	水灰比	砂率/%	粗骨料粒径/mm	灰砂比	早强剂掺量/%
掺量	300～350	不超过 0.56	38.9	不宜大于 40	1 : 2 : 3	15

六、监控测量及信息反馈

监控测量及信息反馈是浅埋暗挖法的核心技术之一，因此在文化宫广场过街通道实施浅埋暗挖法的全过程中，对地表和洞内变位及结构应力进行了监控测量。通过对监测数据的分析、整理、反馈。为施工安全、优质、顺利建成提供了有力保障，也为今后类似地层中修建城市浅埋暗挖地下工程积累了类比依据。

（一）地表下沉的动态特性及变化规律

（1）各施工工序的地表下沉值。根据监测结果分析，地表沉降主要发生在上台阶开挖、下台阶开挖及立柱托换三个施工工序中，其中上台阶开挖地表平均下沉 20.38 mm，占总下沉量的 44%；下台阶开挖及立柱托换地表平均下沉 21.97 mm，占总下沉量的 47%；由于只拆除了一小部分支撑，故支撑拆除阶段地表下沉变化不大，平均下沉 3.9 mm，占总下沉量的 9%。

（2）地表下沉的动态特征。根据地表下沉历时效应曲线可以看出，开挖及初期支护过程中地表下沉的变化可分为四个阶段：

① 微小变形阶段：当掌子面开挖到 −0.25D～1D（D 为隧道洞径）时，即开始对地表产生一定影响，造成一定范围内沉降。该部分变形一般为 4～5 mm，主要是由于工作面后期开挖导致前方地层应力场发生变化以及地下水流失而引起的微小变形。

② 变形急剧增长阶段：随着掌子面向前推进，当掌子面通过地表测点下方时，变形量急剧增长。该阶段分为两个过程，上台阶通过和下台阶通过及支撑托换各有一个急剧增长的过程。变形量均为 20 mm 左右。

③ 缓慢变形阶段：当初期支护结构闭合后，变形速率开始缓减，变形量缓慢增加，该阶段变形 4 mm 左右。

④ 变形基本稳定阶段：当掌子面距测点约 0.5D 时，支护结构闭合后 3～4 d 地层基本趋于稳定。

（二）地表的横向沉降规律

根据类似工程的施工经验，对于均质土层，隧道开挖引起的横向地表沉降曲线可以认为是一条正态分布曲线，曲线方程可以用 Peck 公式进行描述：

$$S = S_{max}e^{-x^2/2i^2}$$

式中：i 表示曲线变曲点到隧道中线的距离，m；

x 表示测点距离隧道中线的距离；

S 表示下沉值；

S_{max} 表示隧道中线处最大下沉值，mm。

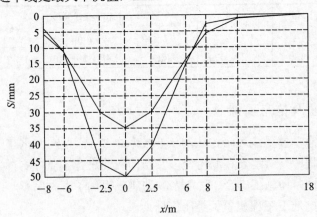

图 2-3　地表横向沉降曲线图及回归图

从横向沉降曲线（图 2-3）可看出：

（1）地表下沉的横行沉降分布基本符合正态分布曲线。

（2）通道开挖横向影响范围 1.5D～2D。

（3）当上断面开挖及初期支护通过时，曲线拐点达到最大值，其后逐渐减小，即地表的横向影响范围由上断面开挖决定，后续部分的开挖使得曲线更趋于陡峭，但不会使影响范围扩大。

（三）顶板下沉规律

（1）各施工工序的顶板下沉值。顶板下沉主要发生在上断面开挖、下断面开挖及立柱托换、支撑拆除三个阶段。从统计数据可以看出，上断面开挖顶板下沉值平均为 16 mm，占总下沉值的 45%；下断面开挖及立柱托换，顶板下沉值平均为 16.6 mm，占总下沉值的51%；由于仅拆少部分支撑，没有引起顶板明显下沉，支撑拆除阶段顶板下沉值平均为1.7 mm，占总下沉值的 4%。应该说明的是由于顶板测点是在初期支护结构架设后埋设的，故顶板下沉值不包括从开挖到初期支护前顶板已发生的位移值。

（2）顶板下沉的动态规律。由顶板下沉历时曲线图可以看出，顶板下沉历时曲线呈明显阶梯状，即上台阶开挖、下台阶开挖及立柱托换各有一个加速沉降过程，初期支护结构闭合后 2~3 d 沉降趋于稳定。

（3）顶板下沉的横向规律和地表下沉相对应，顶板下沉监测断面也形成明显的沉降槽，最大下沉值发生在通道轴线处。最大顶板下沉 55.6 mm，平均下沉 33.3 mm。

（4）收敛变形。从测量结果来看，净空收敛变位仅为 8 mm 左右，说明初期支护结构闭合后，支护结构本身变形微小，结构刚度满足设计要求。

（5）钢架应力及围岩压力。从钢架应力量测结果来看，初期支护结构钢筋应力测值不大，最大拉应力 27.818 kN，均小于设计允许值，说明初期支护结构刚度满足设计要求，施工过程中结构处于安全状态。

从围岩压力量测结果来看，支护结构顶板部分的围岩压力平均值为 9 MPa，最大值为15 MPa。由此看来，在本通道施工过程中，结构所受荷载主要为土体自重。从应力分布情况来看，最大围岩应力分布在初支结构顶板及底板的跨中附近区域，最大围岩应力为50 MPa。

七、总结

（1）采用浅埋暗挖技术施工过程中，成功地实现了工程施工对周围环境的控制，地下管线正常使用，地表未出现裂缝地面，交通运转畅通。

（2）分部开挖，支护结构尽早闭合是控制地表下沉的有效措施。根据本工程的成功经验，类似工程台阶长度宜控制在 2~3 m。

（3）对于这种大跨，浅埋地下通道初支结构由原来的格拱架改为钢度较大的工字钢架拱，有效地控制了地表下沉，且降低了成本。

（4）在施工过程中，将台阶长度控制在 2~3 m，地表下沉值控制在 30 mm 左右是可行的。

（5）施工过程中，通道全断面贯通，部分支撑拆除后，结构处于安全状态。

第二节 某公路隧道浅埋暗挖法施工技术与应用

一、背景

随着经济的发展，当前我国公路建设得到了快速发展。而公路隧道是指作为地下通道的工程建筑物，在隧道工程施工时，一般对隧道的前期设计较为重视，但是在施工中难点比较多，由于隧道浅埋暗挖法的各项优点使其在公路隧道中广泛应用。

浅埋暗挖法是一项边开挖边浇筑的施工技术。其原理是：利用土层在开挖过程中短时间的自稳能力，采取适当的支护措施，使围岩或土层表面形成密贴型薄壁支护结构的不开槽施工方法。主要适用于黏性土层、砂层、砂卵层等地质。由于浅埋暗挖法省去了许多报批、拆迁、掘路等程序，现被施工单位普遍采纳。

浅埋暗挖法与其他方法相比，具有显著的优点。浅埋暗挖法与明挖法（盖挖法）相比，具有拆迁占地少、不扰民、不干扰交通、节省大量拆迁投资等优点。与盾构法相比，它具有简单易行，不需太多专用设备，灵活方便，适用不同地层、不同跨度、多种断面形式，可以多用劳力，解决就业。当然，浅埋暗挖法也存在缺点，如速度较慢、喷射混凝土粉尘较多、劳动强度大、机械化程度不高以及高水位地层结构防水比较困难等。还在于地表沉降较难控制，防水效果较盾构隧道差，通过软弱土层、砂层、断层破碎带时施工较困难。但若环境条件允许，辅以地面及洞内辅助措施，浅埋暗挖法可适用于各种不同的地层和复杂断面的施工。

二、浅埋暗挖法施工方法在公路隧道施工中的应用

（一）施工原则

1. 坚持以量测资料进行反馈指导施工

由于工程位置极为重要，施工中必须确保安全，考虑到浅埋暗挖和地层软弱的特点，采用较强的初期支护手段，在围岩变形稳定后，进行二次模筑衬混凝土，坚持信息化指导施工，是本项施工的基点。

2. 坚持先加固，后开挖

由于围岩几乎没有自稳能力，松散易坍落，因此应根据洞室跨度不同，对单线、双线隧道采用小导管超前预注浆稳定工作面，应用中压注浆密实胶结地层。对大跨度、变断面、覆盖浅地段采用深孔、前进式劈裂注浆加固围岩，再应用小导管超前注浆来稳定地层，做到万无一失，防塌防沉。

（二）施工步骤

浅埋暗挖法施工步骤是：第一步，先将钢管打入地层，然后注入水泥或化学浆液，使地层加固。由于第二步在地层加固后，进行短进尺开挖。一般每循环在 0.5~1.0 m。随后即作初期支护。第三步，施作防水层。开挖面的稳定性时刻受到水的威胁，严重时可导致

塌方。处理好地下水是非常关键的环节。最后，完成二次支护。一般情况下，可注入混凝土，特殊情况下要进行钢筋设计。当然，浅埋暗挖法的施工需利用监控测量获得的信息进行指导，这对施工的安全与质量都是重要的。施工过程见图2-4。

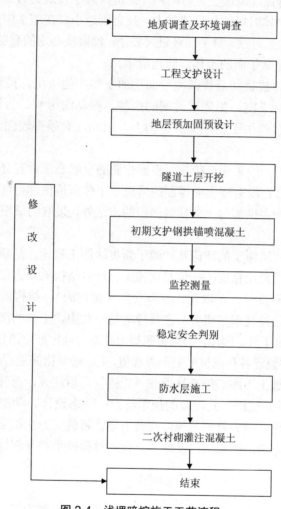

图2-4 浅埋暗挖施工工艺流程

（三）基本工艺要求

浅埋暗挖法的核心技术被概括为十八字方针："管超前、严注浆、短开挖、强支护、快封闭、勤量测。"在暗挖施工作业时根据地质情况制定相应的开挖步骤和支护措施，严格根据量测数据确定支护参数，保证暗挖作业的安全（作业安全和周边环境安全）。

管超前：由于开挖拱部土体自稳能力差，自立时间短，当拱部土体凌空后极易坍塌，为了保证土体不坍塌，提高其稳定性，采用超前小导管或大管棚等预支护，形成对凌空土体的支护棚架，以约束土体变形，减少坍塌。

严注浆：要解决土体的稳定问题，必须从内部着手对土体性质进行改良，在施工中主要采取通过小导管预留的注浆孔对土体进行注浆固结的预加固措施。对间隙大的粗颗粒土体，采用持续压力的渗透式注浆方式固结土体；对于致密的细颗粒土体，采用瞬时压力作用下的劈裂式注浆，确保开挖过程中的安全。

短开挖：开挖中，土体的稳定是施工中要解决的重点问题，性质一定的土体的稳定取决于以下两个因素：暴露（或凌空）时间和开挖进尺大小得到的自拱半径的大小。暴露时间越长，进尺越大，土体坍塌的危险就越大；反之则越小。在施工中应主要采取预留核心土，开挖环向土体的施工方法，每个循环进尺要小。预留核心土的目的除减少开挖时间外，预留的土体还可以平衡掌子面的土体，防止滑塌。

强支护：由于土体被扰动后拱部凌空面层的土体产生下沉，虽然自拱的存在阻止了自拱线以上土体的继续下沉，但随着时间的推移，振动的影响，自拱逐渐被破坏，大量松散土体的重力会直接作用于初期支护结构上。因此，必须有较强的支护体系来保证结构的稳定。

快封闭：隧道施工一般采用台阶法，根据作业的空间要求设置分层高度，自上而下分层施工，为了防止拱部在没有坚实支撑面的情况下土体压迫拱部持续下沉，在施工中除采用厚木板支垫拱脚以增大拱脚与土体接触面积的方法外，采取的最根本办法就是及早使支护体系成环。

勤量测：浅埋暗挖法施工的理论基础源于新奥法施工理论，是新奥法理论的发展，因此它也离不开新奥法的理论精髓——信息化施工。任何结构的受力最终都表现为变形，变形是结构对受力的必然反应，可以说，没有变形（微观的），结构就没有受力，而我们了解结构的受力也只有通过变形来研究。在浅埋暗挖作业中，土体的沉降、支护结构受力等均需要通过量测数据来了解。因此，必须按照规定频率对规定部位进行观测，掌握变形变位信息，调整施工参数并设置各种部位的变形警戒值，采取必要措施进行过大变形的预防预控。

施工组织计划和施工工序必须严格遵守"先排管，后注浆，再开挖，注浆一段，开挖一段，支护一段，封闭一段"。其主要的技术特点：动态设计、动态施工的信息化施工方法，建立了一整套变位、应力监测系统；强调小导管超前支护在稳定工作面中的作用；研究、创新了劈裂注浆方法加固地层；发展了复合式衬砌技术并开创性地设计应用了钢筋网构拱架支护。

其主要的技术特点：

（1）动态设计、动态施工的信息化施工方法，建立了一整套变位、应力监测系统。

（2）强调小导管注浆超前支护在稳定工作面中的作用。

（3）用劈裂注浆法加固地层。

（4）采用复合式衬砌技术。

三、工程实例

（一）设计简况

某隧道位于秦岭大巴山区，设计为分离式双洞，本段区间隧道左线长度 464 m（ZK230+376～ZK230+840），右线 435 m（YK230+395～YK230+830），施工为双向对穿贯通施工，围岩类别均为Ⅵ、Ⅴ级，设计岩质洞口段泥质板岩，Ⅴ级段为强风化千枚岩。隧道最大埋深 77 m，洞口段最小埋深 2.7 m。其中左线大里程 40 m 施工段（YK230+395～

ZK230+435）；洞口端（大里程 YK230+395）最小埋深 2.7 m，40 m 处（YK230+435）最大埋深 17 m，隧道左洞外侧为大的水蚀冲沟，造成此段地形偏压，表层有软弱堆积物，坡积土。洞顶正上方为地方车辆通道。

（二）工程及水文地质

该隧道地形，地貌属典型的岭南秦巴山区，地形破碎，水蚀严重，植被发育，岩体蕴涵水源。隧道沿线路方向左、右洞两侧均有水蚀大冲沟，沟底距隧道线路中心标高约 60 m 深。从表层看隧道围岩为破碎千枚岩，岩体节理发育，结构疏松，含水量较大。

（三）隧道采用浅埋暗挖法的运用工艺

1. 地表注浆

因浅埋隧道掌子面前方的先行下沉很大，会造成很大的地表下沉，又是相向贯通施工，结合本隧道实际情况，对左线大里程 30 m 洞口浅埋段（ZK230+840～ZK230+810）进行地表注浆，注浆范围：宽度 30 m，隧道中心线两边各 15 m，长度 30 m（ZK230+840～ZK230+810），$\phi 50 \times 5$ 塑料管，布设 $\phi 10$ 注浆孔，间距 15 cm×15 cm，垂直注浆深度至隧道拱底，注浆采用 1：1 水泥砂浆，注浆压力：初压 0.5～1.0 MPa，终压 1.0～1.5 MPa。地表注浆以改良加固前方地层，使注浆材料在软弱地层里向四周迅速扩散和固结，并使导管和土体固结在一起，增强支撑力，满足开挖需要，防止了支护下沉。注浆示意图见图 2-5、图 2-6。

2. 超前支护

因本隧道设计洞口段 40 m 为Ⅵ级围岩，结构覆土很薄，埋深浅，洞口距离地面最小厚度 2.7 m，上部为道路且动荷载很大，为提高隧道拱部的刚性，增加周边土体的承载力，即在开挖轮廓范围拱部采用 $\phi 108$ 大管棚超前支护（$L=40$ m），管材采用热轧无缝钢管，壁厚 8 mm，钢管沿隧道拱部开挖轮廓线范围内密排，在初支开挖轮廓线外 25 cm 布设，管棚间距为 40 cm。管棚间采用小导管注浆方式进行密实，以形成整体，提高拱部的承载力，阻止和限制围岩变形，使管棚提前承受早期围岩压力。在管棚施作的过程中，注意对关管棚角度、方向的严格控制，避免因方向差异，造成对主干道地面等周边环境的影响。

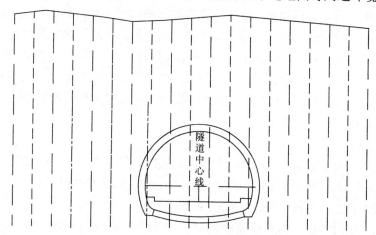

图 2-5　地表横断面注浆示意图

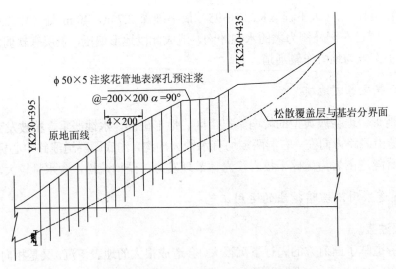

图 2-6　地表注浆加固处理纵断面示意图

对 V 级围岩段超前注浆小导管施工（L =6 m），应在开挖前，先用喷射混凝土将隧道开挖掌子面范围内封闭，然后沿隧道周边向前方围岩内打入带孔小导管，并通过小导管向围岩压注浆液，待浆液硬化后，坑道周围岩体就形成了有一定厚度的加固圈，从而保护开挖作业。小导管一般采用 ϕ 42 或 ϕ 50 的无缝钢管制作，长度宜为 4.5～6 m，前端做成尖锥形，前段管壁上每隔 10～20 cm 交错钻孔，孔径宜为 6～8 mm，环向间距一般采用 40 cm，外插角控制在 10°～15°。超前小钢管是沿开挖轮廓线，以稍大的外插角，向开挖面前方安装锚杆或小钢管，形成对开挖面前方围岩的预锚固，在提前形成的围岩锚固圈的保护下进行施工作用。

3．注浆施工

注浆技术是暗挖隧道施工中的核心技术之一，根据不同的地质情况和施工方法应采取相应的注浆技术。本段围岩节理发育，含水量较大，注浆目的以达到超前加固围岩和止水的目的。施工中需要注意以下几点：

（1）钻孔：施工中根据不同地质情况及施工方法不同，采用不同的钻孔方法，在暗挖隧道结构中采用超前导管预加固技术，钻孔应与隧道中线平行，外插角为 10°～15°。

（2）当地下水量大时，应在安设注浆管前，测涌水量，通过测定涌水量确定注浆种类及注浆参数：浆液扩散半径、小导管间距。对富水段注浆应严格控制浆液初凝、终凝时间。

（3）注浆管长严格按照设计长度进行施工，注浆压力：初压 0.5～1.0 MPa，终压 1.0～1.5 MPa，根据注浆时的注浆压力变化和监控量测结果来判定注浆的效果，综合分析，达到动态控制的目的。

4．初期支护

隧道暗挖：初期支护为 I 20a 型钢支撑（VI级围岩间距 50 cm，V 级围岩间距 75 cm）+C25 喷射混凝土+ϕ 8 钢筋网片（网格 20 cm×20 cm）+ϕ 22 早强砂浆径向锚杆（VI级围岩 L =4 m，V 级围岩 L =3.5 m，间距 1 m×1 m）。

支护体系。临时支护采用 C25 素喷混凝土、间距 50 cm 型钢钢架进行联合支护。隧道开挖采用 CRD 法施工，分六部开挖，每部采用环形开挖预留核心土，人工开挖，施工中严格按照"管超前、严注浆、短开挖、强支护、快封闭、勤量测"的原则进行管理和施工。

5. 二次衬砌

随着隧道进度和初期支护混凝土强度满足设计要求时，先分段拆除临时支护，然后分段施做底板二次衬砌，继而施作边墙二次衬砌，尤其注意的是在拆除临时支护时，需要在施工监控量测的指导下进行。

6. 防水及二次衬砌施工

由于该工程浅埋施工，洞口段泥质岩层较多，且含水率较大，围岩具有较强的软流塑性，二次衬砌采用 C25 模筑混凝土。防水等级为 S8，对于防水施工具有较高的要求。本工程区域内地下水位埋藏较浅，一般在 1.3～2.15 m，结构处于地下水位以下。地下水对钢结构有腐蚀性。结构防水要求较高。结构防水设计遵循"以防为主、多道防线、刚柔结合、综合治理"的原则。本暗挖隧道二次衬砌混凝土灌注顺序为：底板混凝土灌注、拱墙混凝土灌注。暗挖隧道初期支护完成后，及时对前期的监控量测资料进行技术分析，当量测结果反馈信息具备位移速率有明显减缓趋势、水平收敛小于 0.2 mm/d、已发生的位移量占总位移量的 80% 以上时，表明隧道初期支护变形已基本稳定，方可进行二次衬砌施工。

7. 施工监控量测及信息化施工

监控范围包括地表及周边建筑物沉降、管线沉降、暗挖隧道的拱顶沉降、水平收敛及衬砌的受力情况。为了分析了解地层、隧道支护衬砌结构的安全稳定性，确保各类地下管线的安全正常使用，了解现场监控量测是隧道施工和基坑施工中必不可少的重要环节。就本工程而言，需要监测的项目有地下工程施工对周围环境的影响程度，施工的同时设立了完整的监控量测体系，通过坑道施工过程中的变形进行监测，及时反馈施工过程中支护体系及环境的受力状态以及变形数据，通过分析，适时地进行加固、修改或确定支护衬砌设计参数、及时调整施工方法，保证施工引起的变形在可控范围内，确保浅埋暗挖段施工的顺利通过。

总之，公路隧道工程因开挖面较大，很易发生变形及坍塌事故，浅埋暗挖法施工要严格施工质量和施工工序，才能保证施工安全与施工质量。

第三节　北京地铁五号线蒲黄榆车站浅埋暗挖施工技术

一、引言

随着城市土地资源日益紧缺，发展地下空间成为解决城市交通问题的一种手段。目前在城市地铁车站施工中常用的施工方法有明挖法、暗挖法、盖挖法及盾构法，各种施工方法各有优缺点，通常情况下都会在施工之前根据实际情况加以确定。在城市中采用明挖大揭盖的方法，严重干扰了地面交通、商业，并破坏环境。而浅埋暗挖法是一种在离地面很近的地下施行各种地下暗挖施工的方法，它以加固和处理软弱的地层为前提，并且采用足够刚性的复合式衬砌结构，保证施工过程的安全以及控制地面的沉降。浅埋暗挖法广泛应用于城市中心地区，由于地面交通不允许长期中断、地面建筑物众多、地面施工场地狭小或者地下管线错综复杂、改移难度极大、改移施工工期很长。因此，采用浅埋暗挖法施工，可最大限度地减少上述影响，保证施工工期。

本文以北京地铁五号线 2 合同段蒲黄榆车站暗挖施工为实例，结合浅埋暗挖地铁车站施工特征，详细介绍了地铁车站浅埋暗挖法施工的施工工艺。

二、浅埋暗挖法介绍

（一）浅埋暗挖法原理

浅埋暗挖法沿用新奥法（New Austrian Tunneling Method）的基本原理，初次支护按承担全部基本荷载设计，二次模筑衬砌作为安全储备；初次支护和二次衬砌共同承担特殊荷载。应用浅埋暗挖法设计、施工时，同时采用多种辅助工法，如超前支护、改善加固围岩、调动部分围岩的自承能力等；并采用不同的开挖方法及时支护、封闭成环，使其与围岩共同作用形成联合支护体系；在施工过程中应用监控量测、信息反馈和优化设计，实现不塌方、少沉降、安全施工等，并形成多种综合配套技术。

开挖方式有正台阶法、单侧壁导洞法、中隔墙法、双侧壁导洞法等。在实际工程中根据地质条件、隧道断面构成和形式，以及周围环境条件的限制等，选择合适的施工方法。

浅埋暗挖法施工的地下洞室具有埋深浅（最小覆跨比可达 0.2）、地层岩性差（通常为第四纪软弱地层）、存在地下水（需降低地下水位）、周围环境复杂（邻近既有建、构筑物）等特点。

由于造价低、拆迁少、灵活多变、无需太多专用设备及不干扰地面交通和周围环境等特点，浅埋暗挖法在全国类似地层和各种地下工程中得到广泛应用。在北京地铁复西区间、西单车站、国家计委地下停车场、首钢地下运输廊道、城市地下热力、电力管道、长安街地下过街通道及地铁复—八线中推广应用，在深圳地下过街通道及广州地铁一号线等地下工程中推广应用，并已形成了一套完整的综合配套技术。

同时，经过许多工程的成功实施，其应用范围进一步扩大，由只适用于第四纪地层、无水、地面无建筑物等简单条件，拓广到非第四纪地层、超浅埋（埋深已缩小到 0.8 m）、大跨度、上软下硬、高水位等复杂地层及环境条件下的地下工程中去。

信息化技术的实施实现了浅埋暗挖技术的全过程控制，有效地减小了由于地层损失而引起的地表移动变形等环境问题。不但使施工对周边环境的影响降低到最低限度，由于及时调整、优化支护参数，提高了施工质量和速度，使浅埋暗挖法特点得到更进一步地发挥，为城市地下工程设计、施工提供了一种非常好的方法，具有重大的社会效益和环境效益，该方法在总体上达到国际领先水平。

（二）浅埋暗挖施工技术

1. 大管棚超前支护施工方法

大管棚超前支护是在拟开挖地铁隧道的外轮廓周边上，以一定的外插角沿洞轴钻孔，以一定的间距安装惯性矩大的钢管，然后进行注浆固结的一种预支护措施，它是在不破坏地表的情况下进行铺设各种地下管线的技术。它的工作原理是：

（1）通过施行管棚注浆，预先使拱顶形成加固的保护环。

（2）若沿隧道开挖轮廓周边的超前管棚较密时，隧道支护结构所承受的上部荷载会大大减小。

大管棚施工的主要工序：开挖支护的掌子面，搭建钻孔的平台，安装钻机，施行安装管棚钢管，钻注浆孔，验孔，注浆操作，结束。大管棚超前支护的作用很明显，在初期支护前围岩变形的 43%左右由管棚承担，且长管棚支护加小导管注浆对于开挖扰动范围内岩土体将起到加固的作用，在其防护下，有效控制了开挖产生的地中及地表位移、应力。

2．全断面帷幕注浆施工

（1）注浆孔成孔。由设计计算出注浆孔的精确位置，以及各注浆孔的角度和长度。施作注浆孔的顺序应为：先上后下，先外后内，且在每完成一个注浆孔时应及时退出钻机，然后安装注浆管。完成注浆管安装后，对工作面进行二次封闭后再注浆。

（2）注浆。注浆大多采用后退式分段注浆，在对每一根管操作后退式分段注浆之前，要对所有注浆管进行填充加固。且为了确保注浆的时候不产生裂纹和隆起，还要对工作面施行网喷混凝土做封闭处理。

3．隧道开挖支护施工方法

为防止施工时破坏地下的管线，开始施工之前，要详细探测施工区域地质情况和地下管线，弄清楚地下管线的精确位置以及是否有障碍物。隧道开挖支护施工的时候，要严格按照导坑法组织施工，具体施工次序：首先，开挖及支护双向隧道的中导洞；其次，施作隧道中隔墙，恢复中导坑的横撑；然后，分先后开挖及支护两侧导洞；最后，进行两侧导洞二衬施工。

（三）浅埋暗挖施工技术的安全控制要点

1．防止土石方的坍塌

在施工过程中，施工单位要积极地做好地质超前预报，定时查看并做好记录和汇报工作；要认真研究地铁施工地段的地质剖面详图及地质勘察报告，制定详细周全的施工方案，确保施工过程中不出现坍塌事故。要做好掌子面量测工作，及时预测围岩体的变化趋势。

2．防止模板倒塌事故发生

模板工程的安装、拆除作业的施工，应严格按照国家相关规范要求并按专项施工方案和规定的操作流程操作，模板及其支撑材料的材质要满足施工刚度、强度，保证在荷载作用下各部分尺寸、形状和位置的正确性。支撑模板的基础应坚实并有足够的支撑面积，以免模板在受力后基础产生变形或下沉。为防止模板倾覆，在安装模板及其支撑系统工程中，必须设置临时固定设施。只有在确保模板固定牢靠的前提下，才能进行下一道工序，做到既保质又保量。

3．防止触电事故的发生

施工现场的用电必须统一规划，详细设计，要制定临时用电施工方案及触电事故发生时的应急预案。要做好施工现场的用电安全提示标识，提高施工人员的安全用电意识并做好现场的宣传工作。地铁施工现场必须采用 TN—S 系统，并且要设置专用的保护零线，不能采用 4+1 的电缆方式。配电系统要设置总配电箱、分配电箱和开关箱。

（四）浅埋暗挖施工地层变形机理及控制方法

隧道开挖以后必然会造成应力的集中，从而造成地层的压缩变形进而增大地表的下沉，并且在没有得到有效的支护措施前，隧道周围的土体将向开挖的空间移动。一般情况下，拱顶的沉降往往大于地表的沉降，但是根据一些资料显示，地铁施工过程中，对于浅埋软弱地层，特别是富水含砂地层会产生较大的地表沉降。由于富水砂地层的存在使砂层不稳定、松散，从而导致地表下沉。地表下沉量的大小还与隧道的施工工艺、支护参数及施工方法有关系，在含砂地层条件下通常还会受到地层失砂、失水等因素的影响。另外，孔隙水的流失以及地层的超固结也会导致地表大变形的产生。

控制地层变形及地表下沉的原则是增大支护的刚度并减少暴露的时间。在施工过程中应及时支护并控制地下水的流失以减小地表的沉降；要重视初期支护以及上半台阶的周边的小导管注浆的有效作用。应采取综合治理的措施控制地表的沉降，采取注浆堵漏可以降低地层的固结沉降，而加固地层可以减小地层的压缩变形，地层的整体下沉可通过增加初期支护刚度并及时形成封闭结构得到控制。另外，增加土体完整性、减小流水流砂以及选择合理的施工方案同样可以有效地控制地层变形和地表下沉。

三、工程实例

（一）蒲黄榆车站概况

北京地铁五号线 2 合同段蒲黄榆车站，是世界上首次采用大跨度单拱单柱双层岛式结构，浅埋暗挖施工。蒲黄榆车站全长 168 m，为单拱单柱双层岛式暗挖车站。车站开挖宽度 22.6 m，高度 16.3 m，平均地面埋深 5~6 m。地下管线较多，地面建（构）筑物密布，车流量大，施工难度大。为确保施工安全，采用 ϕ 114 mm×5 mm 长大管棚作为超前支护。管棚沿车站拱部环向布置，间距为 0.3 m，长度 146.6 m，共 103 根。

车站通过地层从上至下主要为：黏土层、粉质黏土层、粉细砂层、中粗砂层、砂卵石层。

（二）车站主要施工工序及技术措施

1. 车站主要施工工序

开挖，初喷，挂网，安设格栅钢架及工钢，复喷至设计厚度，基面处理，拆除临时支护，防水层铺设，钢筋安装，混凝土浇筑。

为确保施工及周边环境的安全，采用中洞法施工，即先将大断面分成左、中、右三个洞室，每个洞室的跨度约为 7.5 m，再将每个洞室竖向从上至下分成四个小洞，每个小洞的高度约为 4 m，共 12 块（12 个小洞）进行施工。先施工 I 区拱顶注浆小导管，环行开挖 I 区土体，预留核心土，安设钢筋网、格栅钢架、连接钢筋及 I 25a 工钢临时支护，及时封闭成环；再从上至下环行开挖预留核心土施工中洞 II，III，IV 区，施作临时支护封闭成环；车站中洞南、北相向开挖，至站体中心分界里程后，分段、分层由下向上施工底纵梁、ϕ 1 000 C50 钢管柱、顶纵梁；中洞二衬施工完毕，两边对称开挖上部侧洞 V 区，从上至下顺序对称施作 VI，VII，VIII 区，各区均采用环行开挖预留核心土的工法施工。各洞室的开挖前后错开形成台阶，上下台阶纵向错开距离大于 8 m；各分块开挖的格栅钢架及 I 25a 工钢临时支护必须支撑牢固；各洞室初支封闭成环 5 m 后，及时对初支背后反复注浆，达到严控地表沉降及堵水的目的。车站横断面图见图 2-7。

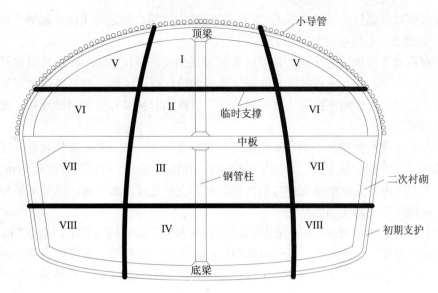

图 2-7　车站横断面图

2. 车站主要施工步骤

（1）Ⅰ区小洞施工。在拱部超前大管棚及小导管支护下，按 0.5 m 步长环形开挖Ⅰ区土体，预留核心土，以核心土作为操作平台安设φ8 钢筋网、格栅钢架、连接筋，喷射 C20 混凝土至设计厚度，安装Ⅰ25a 钢架隔壁，喷射混凝土封闭开挖面，再挖核心土，安装临时仰拱钢架（连接筋、钢筋网），喷射 C20 混凝土，确保Ⅰ区开挖后形成封闭环型结构。

（2）Ⅱ区小洞施工。在Ⅰ区临时仰拱的支护下，按 0.5 m 步长环行开挖Ⅱ区土体，预留核心土。Ⅰ区与Ⅱ区按 8 m 间隔形成台阶，在Ⅱ区内作临时中隔壁与Ⅰ区中隔壁连接牢固，开挖Ⅱ区中部核心土，施作Ⅱ区临时仰拱与中隔壁螺栓连接，使Ⅱ区形成封闭临时结构；当施工中遇到粉细砂和中粗砂层时，对侧壁进行注浆加固，并在两个底角部分用锁脚锚管加固，防止已开挖部分下沉。

（3）Ⅲ区小洞施工。在Ⅱ区临时仰拱支护下，按 0.5 m 步长开挖Ⅲ区两侧土体，预留中部核心土。Ⅱ区与Ⅲ区按 8 m 间隔形成台阶，Ⅲ区内作临时中隔壁与Ⅱ区中隔壁连接牢固，施作Ⅱ区临时仰拱与中隔壁连接，开挖Ⅲ区中部核心土，使Ⅲ区形成封闭临时结构。

（4）Ⅳ区小洞施工。在Ⅲ区临时仰拱的支护下，按 0.5 m 步长开挖Ⅳ区两侧土体，预留核心土。Ⅲ区与Ⅳ区按 8 m 间隔形成台阶，Ⅳ区临时仰拱与中隔壁连接，喷射 C20 混凝土，开挖Ⅳ区中部核心土使Ⅳ区形成封闭结构。

（5）中洞内部分主体结构施工。当完成中洞开挖后，按柱间距作底梁及部分仰拱，然后分段拆除Ⅲ区影响钢管柱安设的部分临时支撑，其余临时支撑不拆除，做下层混凝土钢管柱至中板（下层中柱共两段）；按柱间距分段拆除Ⅱ区、Ⅰ区影响钢管柱安设的临时仰拱，其余临时支撑不拆除，做上层混凝土钢管中柱及顶梁混凝土（上层中柱共两段）。中柱施工完成一段，即恢复一段水平支撑。

（6）对称施工两侧Ⅴ区小洞。在拱部超前长管棚及小导管的支护下，先恢复中洞内横向钢支撑，按 0.5 m 步长台阶法对称开挖Ⅴ区土体（开挖步长可根据实际地质情况及长管棚支护效果适当调整），台阶上下长度小于 5 m；及时施作拱部初期支护与Ⅰ区初期支护连接，打设拱脚锁脚锚管（每处两根），安设 I 25a 型钢钢架，使之与 I 区中隔壁牢固连接，喷射 C20 混凝土，形成环向封闭结构。

（7）对称施工两侧Ⅵ区小洞。在 V 区临时仰拱的支护下，按 0.5 m 步长对称开挖Ⅵ区土体，预留核心土，V 区与Ⅵ区按 8 m 间隔形成台阶，在Ⅵ区做两侧格栅钢架与 V 区格栅钢架按设计连接，打设两侧拱脚锁脚锚管；施工Ⅵ区临时仰拱与中洞隔壁连接，使Ⅵ区形成封闭临时结构。

（8）对称施工两侧Ⅶ区小洞。Ⅵ区临时仰拱的支护下，按 0.5 m 步长对称开挖Ⅶ区土体（因侧墙无长管棚超前支护，开挖步长控制），预留核心土，Ⅵ区与Ⅶ区按 8 m 间隔形成台阶，在Ⅶ区内做侧壁初期支护与Ⅵ区侧壁初期支护连接，施工Ⅶ区临时仰拱与中洞隔壁连接，使Ⅶ区形成封闭临时结构。

（9）对称施工两侧Ⅷ区小洞。在Ⅶ区临时仰拱和锁脚锚管的支护下，按 0.5 m 步长开挖Ⅷ区土体（开挖步长控制），Ⅶ区与Ⅷ区按 8 m 间隔形成台阶，在Ⅷ区内做主洞侧壁初期支护与Ⅶ区侧壁初期支护连接，施工Ⅷ区底部仰拱与中洞底部仰拱格栅钢架连接。主洞断面形成。

（10）底部仰拱及部分侧墙施工。两侧洞土体开挖至划分里程后，分段拆除Ⅷ区临时中隔壁（必要时换撑），先做防水层及纵、横施工缝，变形缝，穿墙管等特殊部位防水。规范绑扎钢筋，并按《杂散电流防护要求》焊接钢筋及轨面上 1.0 m 处引出端子，混凝土输送泵泵送商品混凝土，插入式捣固器捣固密实。底部混凝土浇筑完毕，达设计强度后，及时恢复Ⅷ区竖向钢支撑。

（11）下部边墙施工。分段拆除Ⅶ区临时仰拱（必要时换撑），施工下部侧墙防水层及纵、横施工缝，变形缝，穿墙管等特殊部位防水。规范绑扎钢筋，混凝土泵送入模，插入式捣固器捣固密实。侧墙混凝土达设计强度后，恢复Ⅶ区临时工钢支撑，以利稳定。

（12）中板二衬施工。分段拆除Ⅶ区临时中隔壁的 C20 喷射混凝土，工字钢及连接筋不拆除，整体浇筑中板混凝土。采用大块组合钢模，钢管支撑体系加固模型，商品混凝土泵送入模，插入式捣固器捣固密实。

（13）上部侧墙施工。中板混凝土达设计强度后，分段拆除所有纵横支撑，对称施工上部边墙及部分拱顶混凝土。先做防水层及纵、横施工缝，变形缝，穿墙管等特殊部位防水。规范绑扎钢筋，模型采用大块组合钢模，钢管支撑体系加固模型，商品混凝土泵送入模，插入式捣固器捣固密实。

（三）施工经验和总结

（1）蒲黄榆车站中洞法开挖施工，是国内城市地铁大跨度单拱单柱暗挖车站施工中的一大突破，其中车站中洞大跨度开挖施工非常成功，侧洞开挖出现异常沉降为类似地铁车站设计及施工积累了实践经验。

（2）开挖分区洞室受力形状制约初期支护结构及围岩变形。诸如车站 V 型仰拱对侧洞开挖异常沉降有直接影响；开挖前应提前考虑分区不利受力形状洞室的特殊处理。

（3）贯彻浅埋暗挖施工的十八字方针，注重细部结构施工。CRD 工法分区开挖支护结构分段多，任何节点处理不到位对支护结构受力均存在影响。尖角施工工况施工操作难度大，施工过程中拱脚出现回填不密实、悬空，对地表沉降和初期支护结构均有影响。

（4）城市暗挖地铁渗漏水对施工安全及沉降控制至关重要。开挖前应当对开挖施工影响范围内管线及地层进行详细的调查和探测，对渗漏水软化地层应当提前处理；其中内套管在北京地铁管线渗漏水处理中应用较多。注浆及减跨对开挖过程中的沉降控制和初期支护结构的稳定作用显著。

（5）超前思考，制定风险应急预案。城区浅埋暗挖法修建地铁，施工安全风险多；施工前应综合考虑车站特殊结构及工法，结合周边环境，分析风险源，制定切实可行的应急预案。

通过以上介绍可以看出，蒲黄榆车站结构断面圆顺，防水施工无硬角，结构整体受力较好，施工废弃量较少，但施工时断面分块较大，对沉降控制比较困难，施工风险性较大，只有在地质条件较好时才能采用。

第四节　某地下通道工程暗挖施工技术

一、工程简况

某地下通道工程设计主通道长 49.34 m，梯道总长 130.4 m，工程平面设计一个主通道、四个梯道。主通道净宽 6 m，净高 2.5 m，采用割圆拱型断面；梯道净宽 3.6 m，净高 2.5 m。采用箱形断面主通道纵坡为 3.82%、3.72%，梯道坡度其中混行梯道坡度 1∶4、人行梯道 1∶2，主通道最大覆土厚约 5.3 m，最小覆土厚约 4.3 m，通道中部设水泵房、南侧 2# 梯道平段设配电房。

二、工程地质及水文地质状况

根据地质钻探资料，地层的野外特征自上而下描述为：

（1）人工填土层：层厚 2.1～4.5 m。

（2）埋藏植物层：由黏性土混少量植物根须组成，层厚 0.5～0.6 m。

（3）第四纪冲积层：

①淤泥质粉质黏土：场地分布南薄北厚，层厚 1.1～4.4 m。

②粉质黏土：分布于场地南侧，层厚 1.4～1.5 m。

③粗砂：该层在场址范围内均有分布，层厚 4.8～8.3 m。

（4）第四纪残积层：

本工程竖井及梯道通过一、二、三层，主通道穿越地层为三层，其中南口开挖为断面内，拱部为淤泥黏土层和粉质黏土层，墙身和底板为粗砂层；北口开挖断面内为粗砂层。工程所在地区地下水属孔隙潜水类型，稍具承压，主要富存于第四纪冲积粗砂层中，水量丰富由大气降水补给，水位随季节变化，测量其稳定水位深度 0～2.6 m。

三、工程技术难点

（1）富水流动状淤泥、流砂地层固结堵水技术难度大。过去常用的是降水和大管棚注浆技术对周边环境影响较大，因此必须开发一种新的注浆工艺技术来解决。

（2）隧道防排水施工技术难度大。该地区地下水位高，水量丰富且地层透水性强，通道建成后将常年位于地下水位以下浸泡，必须有可靠的防水措施。

（3）监控量测及信息化施工技术难度大。该工程处在繁华市区，施工方法步骤较多，给监控量测造成很大困难。

四、施工方法及技术措施

为确保主通道开挖面稳定和施工安全，严格按照十八字方针的施工原则进行施工。施工过程中，进行全过程现场量测监控手段，合理安排施工工序。主通道施工以南侧为主攻，北侧为辅攻方向同时进行暗挖施工，开挖方法采用 CRD 工法。

（一）竖井施工

竖井施工采用人工开挖，环向型钢＋喷混凝土护壁，电动葫芦提升。开挖每循环进尺 0.5 m，遇淤泥层、流砂层时需及时注超细水泥-水玻璃双液浆加固，稳定地层后再向下挖。

（二）主通道施工

1. 普通地段施工

其工艺流程：施工准备→超前管棚→注浆加固→中洞各部开挖→防水层铺设→中洞底板、底梁→立柱→中洞中板→顶梁、中拱→超前管棚→注浆加固→边洞各部开挖→临时隔壁拆除→防水层铺设→边洞底板→边墙、中板→边拱→二次衬砌背后注浆。

2. 周边超前小导管超前支护施工

超前小导管沿隧道周边开挖外轮廓线上设置，环向间距@200 m，纵向搭接不小于 1.5 m，外插角不大于 6°，方向与通道方向平行。施工采用风动凿岩机钻入，专用顶头顶入。注浆浆液采用水泥-水玻璃双液浆。浆液配合比 W：C=1：1，水泥浆：水玻璃（38°Bc）=1：1。注浆孔口压力控制在 0.2～0.5 MPa，使淤泥层形成劈裂挤压效果，用定量注浆法和压力控制法控制注浆量。

3. 土方开挖

土方采用人工手持风镐开挖，电动葫芦提升，每循环进尺为 0.5 m，上部开挖采用环形预留核心土开挖方法，下部一次开挖成型。

4. 初期支护施工

（1）格栅钢拱架及临时仰拱施工。格栅拱架由加工厂预制，现场人工架设，纵向间距 0.5 m，过雨水渠段及给水管段为 0.4 m。拱架间设加强筋加强拱部及角部受力，纵向连接采用 B25 钢筋，环向间距 1 m，拱脚打 2 根锁脚 B42 管（L=2.5 m），临时仰拱采用工字钢，以保证及时封闭。

（2）挂网、喷混凝土施工。钢筋网采用 B8（网格 15 cm×15 cm），人工铺设。喷射混凝土采用 C25，厚 0.3 m，潮喷法施工，以减少粉尘及回弹。

（3）回填注浆。当全断面封闭成环喷混凝土达到强度后，进行全断面回填注浆，浆液选用普通水泥浆加固地层，控制地表下沉，并可起一定的堵水作用。

5. 二次衬混凝土施工

（1）拆除临时支护。拆除中隔墙及临时仰拱，结构受力状态发生变化，为了保证施工安全，控制下沉，通过量测手段确定每次拆除 5～7 m，分部分段进行，整个通道共分为 10 段拆除。并及时施作二次衬砌。

（2）钢筋混凝土施工。二衬混凝土采用 C30S8 泵送混凝土，台车立模施工，施工流程：底板钢筋绑扎，底板组合钢模灌注混凝土，边墙及顶板钢筋绑扎，边墙及顶板模板台车灌注。

（三）特殊地段开挖支护方法及技术措施

1. 竖井与通道交叉口（洞口）及水泵房与通道交叉口部位

为了确保交叉口地段受力结构在破除交叉口时，达到应力重新分布转换效果，在交叉口部位割断支撑前预先增设工字钢支撑，进行支撑替换，临时支撑在完全进洞后才拆除。

2. 过某干渠段开挖方法及技术措施

过某干渠段位于主通道中部，雨水渠断面为 4 m×1.7 m，为浆砌片石结构，渠底基础距开挖拱顶为 0.2 m，该雨水渠目前使用期已达 10 年，为防止因常年使用后发生渗漏进入通道，保证雨水渠不受任何破坏，采用以下开挖方法及技术措施。

（1）围截引排水措施。对该干渠在通道中线上下游各 10 m 进行临时围堰，密排钢管渡水分流，确保雨水渠渠底在通道跨度范围内无水。

（2）全断面预注浆减压措施。在通过雨水渠的通道影响段，全断面预注浆孔位加密，减小注浆压力，确保注浆效果和渠底隆降。

（3）加强超前支护和一次支护。超前支护在普通地段的基础上小导管加密至间距 0.15 m，同时加大注浆量，确保注浆效果。格栅拱架在普通段的基础上格栅拱架加密至间距 0.4 m。

（4）工序调整措施。采用左右洞室分别单独通过雨水渠，即左洞室上下部开挖支护超前，右洞开挖支护 10 m，以保证通过雨水渠时作业面出现险情时及时处理。

（5）加强施工监控量测，加大量测频率，以便及时调整开挖方法及支护参数，地表下沉及拱顶下沉每 8 h 上报一次，收敛量测每 12 h 上报一次。

（四）直径 DN 1000 给水管段开挖方法及技术措施

DN 1000 给水管原设计位于通道北侧竖井 7.855 m 处。实际现场测定为 10 m 处，其距开挖拱顶为 1.0 m。为确保给水管安全，施工时采取以下措施：

（1）置换混凝土承接管。施工挖槽后发现并非混凝土承接管而为钢管结构，且管底测定标高为拱顶以上 1.0 m，因此该项工作未完全实施。

（2）提高全断面注浆质量，超前支护效果及加强支护结构受力，方法与过雨水渠相同。

（3）做好抢险准备及加强监控测量。

（五）通道防水施工方法及其技术措施

根据该工程的水文地质、使用功能以及周边环境条件，确保结构防水按照"以堵为主，堵排结合，多道防线，层层设防，刚柔结构，综合防治"的方法。梯道采用外包防水层施工，施工缝设置止水条止水，伸缩缝设置橡胶止水带止水。

（六）梯道施工

梯道施工除 2#梯道 8.25 m 暗挖外，其余均为明挖。四个梯道均穿过淤泥层和含水砂层，因此先进行超细水泥、水玻璃双液浆注浆固结，再进行分层分段开挖。南侧梯道采用环向型钢+B8 钢筋网+C20 喷混凝土联合支护，北侧梯道则采用竖向型钢+B8 钢筋网+C20 喷混凝土联合支护。

（七）地下管线保护措施

（1）给水、电信、电力、污水等重要的地下管线，施工前根据资料现场调查落实，并登报公告有关单位进一步联系核准，必要时挖探确定其位置。

（2）根据管线的结构形式和管线单位一起定出管线的允许沉降指标，并据此作为保护管线的依据。

（3）在管线的顶部地面及在有条件的管线内部设置观测点，随时监测管线的变化情况。

（八）给排水工程

两台水泵出水管上均安装可曲挠橡胶软接、止回阀、闸阀，通过 $DN150$ 防水套管抽到室外雨水井中，水泵的启停由安装在水池中的上中下三个浮球信号控制，当集水池水位到达中间水位时，启动一台潜水泵；水池水位到达最高水位时，两台泵同时启动；当水池水位降到最低点时，水泵停止。

参 考 文 献

[1] 中华人民共和国国家标准. 建筑地基基础设计规范（GB 50007—2002）[Z]. 北京：中国建筑工业出版社.

[2] 中华人民共和国国家标准. 混凝土结构设计规范（GB 50010—2011）[Z]. 北京：中国建筑工业出版社.

[3] 中华人民共和国国家标准. 钢结构设计规范（GB 50017—2003）[Z]. 北京：中国计划出版社.

[4] 中华人民共和国国家标准. 锚杆喷射混凝土支护技术规范（GB 50086—2001）[Z]. 北京：中国计划出版社.

[5] 刘建航，侯学渊. 基坑工程手册[M]. 北京：中国建筑工业出版社.

[6] 孙更生，郑大同. 软土地基与地下工程[M]. 北京：中国建筑工业出版社.

[7] 孙钧，侯学渊. 地下结构[M]. 北京：科学出版社.

[8] B. A 弗洛林. 同济教研室译. 土力学原理[M]. 北京：中国建筑工业出版社.

[9] 金宝桢，杨式德，朱宝华. 结构力学[M]. 北京：科学出版社.

[10] 杜庆华，等. 材料力学[M]. 北京：高等教育出版社.

[11] 刘金砺. 桩基础设计与计算[M]. 北京：中国建筑工业出版社.

[12] 陈仲颐，叶书麟. 基础工程学[M]. 北京：中国建筑工业出版社.

[13] 地基处理手册编委会. 地基处理手册[M]. 北京：中国建筑工业出版社.

[14] 基础工程施工手册[M]. 北京：中国计划出版社.

[15] 习广徒. 基础工程的降水[M]. 施工技术.

[16] 李鸿斌. 浅埋暗挖法在公路隧道工程中的运用[J]. 城市建设理论研究，2012（11）：29-30.

[17] 王梦恕. 隧道施工浅埋暗挖法施工要点[J]. 隧道建设，2006，26（5）：1-4.

[18] 王梦恕. 前埋暗挖施工技术 [M]. 北京：人民交通出版社，2010：1-6.

[19] 关宝树. 隧道工程设计要点集[M]. 北京：人民交通出版社，2003：49-50.

[20] 王梦恕. 北京地铁浅埋暗挖法施工[J]. 岩土力学与工程学报，1989（2）：74-75.

[21] 陈道圆. 北京地铁蒲黄榆浅埋暗挖车站的设计与施工[J]. 路基工程，2006（3）.

[22] 方克军. 北京地铁五号线暗挖车站施工方法[J]. 山西建筑，2006，6.

[23] 曹泊宇，曹泊川. 地下通道工程施工技术案例分析与研究[M]. 中国高新技术企业，2007.

第三章　盾构法隧道施工技术与工程实例

第一节　杭州地铁 1 号线土压平衡式盾构法施工技术

一、工程简介

（一）工程概况

杭州市地铁 1 号线 16 号、17 号盾构区间工程包括：九堡东站—下沙西站区间单圆盾构隧道、区间风井以及联络通道、泵站等附属结构；下沙东站—文泽路站区间单圆盾构隧道、联络通道、泵站等附属结构。

16 号、17 号盾构机在下沙西站西端头下井组装并始发掘进，掘进至九堡东站东端头，盾构机解体、吊出后运至下沙东站，在下沙东站东端头二次下井组装并始发掘进，掘进至文泽路站西端头，完成掘进，解体吊出。盾构掘进示意图见图 3-1。

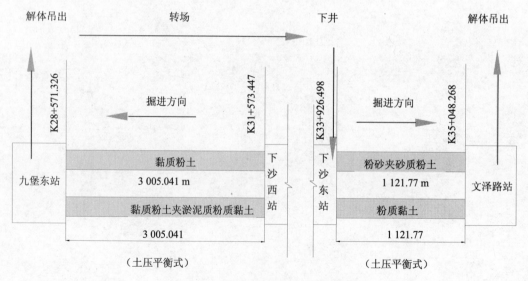

图 3-1　16 号、17 号盾构机掘进示意图

（二）始发端头工程地质概况见表3-1和表3-2。

表3-1　下沙西站西端头地质及地下水文情况

层号	地层名称	高程/ m	深度/ m	厚度/ m	地层描述
①-0b	素填土	4.92	1.80	1.80	素填土：灰色、灰黄色、灰褐色，松散，湿，主要为耕植土，含较多植物根茎及有机质
①-2a	亚砂土	2.22	4.50	2.70	亚砂土：灰黄色，稍密—中密，很湿，含云母及铁锰质氧化物，摇振反应迅速，无光泽反应，干强度低，韧性低
①-2b	亚砂土	−3.78	10.50	6.00	亚砂土：灰色、灰黄色，中密，很湿，含云母及铁锰质氧化物，摇振反应迅速，无光泽反应，干强度低，韧性低
①-2c	亚砂土	−7.78	14.50	4.00	亚砂土：灰色、灰褐色，稍密—中密，很湿，含云母及铁锰质氧化物，摇振反应迅速，无光泽反应，干强度低，韧性低
②-2b	粉砂	−10.28	17.00	2.50	粉砂：灰色、灰褐色，中密，很湿，含云母及铁锰质氧化物，摇振反应迅速，无光泽反应，干强度低，韧性低

表3-2　下沙东站地质及地下水文情况

层号	地层名称	高程/ m	深度/ m	厚度/ m	地层描述
①-0b	素填土	5.18	0.70	0.70	素填土：灰色、灰黄色、灰褐色，松散，湿，主要为耕植土，含较多植物根茎及有机质
①-2a	亚砂土	2.08	3.80	3.10	亚砂土：灰黄色，稍密—中密，很湿，含云母及铁锰质氧化物，摇振反应迅速，无光泽反应，干强度低，韧性低
①-2b	亚砂土	−2.12	8.00	4.20	亚砂土：灰色、灰黄色，中密，很湿，含云母及铁锰质氧化物，摇振反应迅速，无光泽反应，干强度低，韧性低
①-2c	亚砂土	−5.82	11.70	3.70	亚砂土：灰色、灰褐色，稍密—中密，很湿，含云母及铁锰质氧化物，摇振反应迅速，无光泽反应，干强度低，韧性低
②-2b	粉砂	−12.12	18.00	6.30	粉砂：灰色、灰褐色，中密，很湿，含云母及铁锰质氧化物，摇振反应迅速，无光泽反应，干强度低，韧性低
①-2c	亚砂土	−16.12	22.00	4.00	亚砂土：灰色、灰褐色，中密，很湿，含云母及铁锰质氧化物，摇振反应迅速，无光泽反应，干强度低，韧性低

注：表中数据来自《杭州市地铁1号线16、17号盾构区间工程岩土工程勘察中间报告》。

（三）始发井结构设计概况

九堡东站—下沙西站区间盾构始发井位于下沙西站西端头，车站为明挖法车站，为地下二层钢筋混凝土结构；始发井西端基坑围护采用连续墙；始发井侧墙、端墙厚度为800 mm，底板厚度为1 000 mm；始发井中板、顶板均设置11.4 m×7.2 m的盾构机下井口，用于盾构机和后配套台车的吊装下井组装。

下沙东站—文泽路站区间盾构始发井位于下沙东站东端头，车站为地下二层钢筋混凝土结构，用明挖顺做法施工。始发井位于车站东端头，围护结构采用直径1 000 mm钻孔灌注桩；始发井端墙厚度为750 mm，底板厚度为900 mm；始发井中板、顶板均设置11.4 m×7.2 m的盾构机下井口，用于盾构机和后配套台车的吊装下井组装。

（四）始发段线路概况（见表3-3）

表3-3　九堡东站—下沙西站区间始发段线路概况

洞门位置	线路纵坡	线路平面
下沙西站西端头左线	2‰下坡	直线
下沙西站西端头右线	2‰下坡	直线
下沙东站东端头左线	2‰下坡	直线
下沙东站东端头右线	2‰下坡	直线

（五）盾构机概况

本区间采用两台小松TM634PMX土压平衡盾构机先后始发掘进。

该盾构机适宜在黏质粉土、粉土、局部为粉砂、淤泥质黏土、粉砂、细砂等土层的掘进施工；盾构机掘进最小曲率半径250 m，最大坡度30‰。

盾构机设备总重量约为266.2 t，盾体长度为8.680 m，包括后配套总长66.88 m，分为盾构机主机和后配套设备两大部分，后配套设备分别安装在6节后续台车上。

盾构机盾尾间隙30 mm，最大掘进速度6 cm/min，最大推力37 730 kN。

盾构机刀盘直径为6.36 m，刀盘的结构为辐条面板型，刀盘开口率为40%。在刀盘上配置安装了66把先行刀及12把周边先行刀，主切削刀配置78把，周边刮刀12把。

盾构机的设计基本能满足本工程地质条件下掘进的需要。

二、盾构始发准备工作

（一）始发流程（见图3-2）

（二）始发线型及参数

九堡东站—下沙西站区间盾构始发的线型是直线；盾构机始发洞门中心点坐标为左线（87405.4590，94111.4876）、右线（87390.5596，94109.7535）；下沙西站西端头盾构始发左、右线洞门中心点标高为：−6.6100 m。

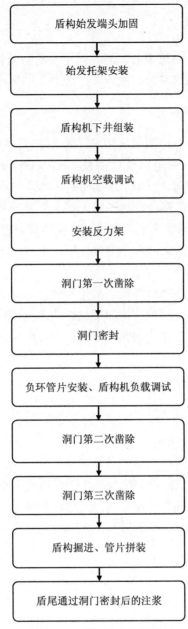

图 3-2 盾构始发流程图

下沙东站—文泽路站区间盾构始发的线型是直线：盾构机始发洞门中心点坐标为左线（87338.6492，96458.6289）、右线（87325.6499，96458.7615）；下沙西站西端头盾构始发左、右线洞门中心点标高为：−6.1700 m。

（三）周边环境核查和监测

盾构始发前一个月对始发段隧道范围内的所有地下管线、地面建构筑物进行核查；盾构始发前一个月取出监测点初始值，在始发段前 100 m 每隔 5 m 布设监测点。

（四）施工场地布置

施工场地布置主要包括：场地围蔽、消防通道及消防设备布置、施工临时供电系统、场地排水系统及污水防治、供水系统、生产、办公、生活区布置等。

（五）始发端头土体加固

根据下沙西站西端头地质与地下水文情况，端头隧道范围内地层为砂质粉土及粉砂夹砂质粉土，隧道埋深为 9.2 m，采取有效直径 800 mm@600 mm 旋喷桩加固；

于盾构始发前的一个月之前，在每个端头进行不少于三个点的钻芯取样，点位主要选在洞门范围内进行钻芯，测定其强度，芯样的采集率应大于 90%，其无侧限抗压强度达到 1.2 MPa 以上为合格。若达不到要求则立即采取补强措施，保证盾构始发的安全；

下沙西站西端头加固的开始时间为 2008 年 1 月 30 日，结束时间为 2008 年 4 月 8 日。

由于下沙西站端头加固是在基坑开挖之前进行的，基坑开挖后引起围护结构的变形，易导致已加固土体与围护结构、围护结构和车站结构之间形成渗水通道，对始发很不利，故需要在始发前对始发端头采取注浆加固等措施以保证盾构始发安全。

（六）洞门凿除

1. 钻孔监测

用风钻钻 9 个观测孔，孔位见图 3-3 洞门检测孔位图，每孔的流水不超过 30 L/h（通过观测流水不成线），允许凿除洞门。

2. 洞门凿除

（1）第一次洞门凿除：凿除前对洞门处的防水毯进行安全处理，用刀子分成 12 大块，用膨胀螺栓固定在洞门壁上，确保后期做洞门时防水毯的连接质量。

洞门采用人工凿除，凿除时按先上后下、先中间后两侧的顺序进行。洞门凿除顺序见图 3-4 洞门凿除顺序示意图。

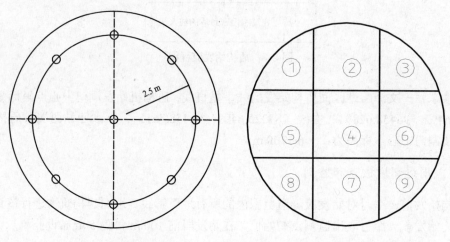

图 3-3 洞门检测孔位示意图　　　　　图 3-4 洞门凿除顺序示意图

第一次洞门凿除的时间为：盾构始发前 14 d。

第一次凿除洞门的厚度为 500 mm（下沙西站），600 mm（下沙东站）。

（2）第二次洞门凿除：凿除剩余混凝土，凿除完毕后，用风镐修整洞门周围混凝土面，使洞门周围圆顺。

第二次洞门凿除的时间为：高压电安装后，盾构始发的前 4 d。

第二次凿除洞门的厚度为 200 mm（下沙西站），250 mm（下沙东站）。

（3）第三次洞门凿除：迅速凿除外围残留钢筋混凝土，将洞门周围钢筋沿洞门圆周方向切割修整圆顺，尽量缩短洞门土体无支撑时间。

第三次洞门凿除的时间为：始发前 2 h。

第三次凿除洞门的厚度为 100 mm（下沙西站）、150 mm（下沙东站）。

3. 洞门凿除过程紧急安全预案

发现有异常情况后，迅速用木板和钢管撑住，防止土体坍塌。然后尽快从围护桩外进行注浆加固。发现洞门土体有坍塌预兆，如开裂、鼓肚、掉碎石块等，迅速将刀盘推向掌子面，顶住土体，确保洞门掌子面稳定。

（1）洞门凿除施工安全要求：

① 电焊工、架子工等所有特殊工种必须持证上岗。

② 距洞口 2 m 处，设立安全警戒线。

③ 在剔除洞门上不稳定的混凝土保护层时，注意有无大块下滑，如有大块滑移迹象，及时通知值班技术人员，现场分析有无安全隐患。

④ 对检测孔 24 h 现场观测，如果有泥沙或大水流出，用事先准备好的棉纱和木楔封堵检测孔。

⑤ 作业人员佩戴好安全帽、安全带、工作服、绝缘鞋、防护罩等。

⑥ 二次凿除后，如果盾构机不能及时始发，派专人观测洞门土体变形情况，同时做好地面沉降监测，如果地面沉降超过 30 mm，启动应急措施。

⑦ 在洞门凿除前 5 d 至盾构始发通过端头区的时间内，加强始发端头降水。

（2）文明施工和环保要求：

① 注意及时清理现场的垃圾。

② 端头地面的沉降不得超过 30 mm。

③ 确保噪声在 6:00～22:00 小于 75 dB；22:00～6:00 小于 55 dB。

（七）始发托架安装

始发托架用于盾构机始发时固定盾构机方位、承载盾构机的自重，以及调整盾构机中心达到设计标高；在负环管片拆除前，始发托架还起着固定负环管片的作用。始发托架梁采用型钢 H350，托架梁和预埋在车站底板的 500 mm×500 mm×10 mm 钢板焊接，托架又和托架梁焊接，要求焊接牢固、焊缝饱满。由于盾构始发反力架要设斜撑的需要，我部已在下沙西站西端头预埋 1 000 mm×1 000 mm×10 mm 的钢板 18 块和反力架支座预埋钢板 4 块，在下沙东站底板浇筑完后东端头也将安装预埋件。

下沙西站西端头和下沙东站东端头底板始发托架梁上安装始发托架，始发托架梁梁高 380 mm，为 H350 型钢梁，并和车站底板焊接成一整体。

始发托架梁和始发托架焊接。

始发托架梁及始发托架中线与盾构始发中线重合。

盾构始发前对始发架两侧进行必要的加固。利用预埋在始发托架梁上的钢板与始发架进行焊接，并利用 H 型钢两边支撑保证左右稳定。并用垫薄钢板调节始发架的标高，达到要求的位置。

盾构机与始发托架接触的处焊接防扭转牛腿，以防止盾构始发阶段由于盾构机刀盘受到土体的反力而发生盾体的滚动。

始发架前端，与洞门空隙处设置导台，以使盾构机顺利进入土体。导台分为两段，始发架前端到洞门密封处为第一段，视现场情况优先采用混凝土导台的形式；洞门钢环内为第二段，采用钢导轨形式。钢导轨与始发架钢轨对接，并在底部采取加固支撑措施，洞门钢环内的导轨范围为钢环底部 50°。

始发托架的安装开始于始发前一个月，时间为 3 d。

（八）井下轨道铺设

为满足盾构吊装下井及始发，在始发井及车站主体结构底板上铺设施工轨道。左、右线均在 K31+463.447～K31+573.447 段铺设 43 kg/m 钢轨，轨道中心线与线路中心线重合，台车轨面标高为 -14.355 m。

始发端前 100 m 铺设单线轨道至负环拆除后，为提高盾构工作效率，在洞口设置道岔，在洞口外铺设双线电瓶车轨道。

（九）盾构机及后配套台车吊装下井、调试

1. 施工轨道铺设完毕后对轨道断面进行检查，确保电瓶车和后配套台车顺利通过

（1）电瓶车吊装下井。电瓶车用吊车从盾构始发井吊装下井，并通过施工轨道驶入车站。

（2）后配套台车吊装下井。后配套台车用吊车从盾构始发井吊装下井，并用电瓶车拖入车站。

（3）盾构机主体吊装下井。后配套台车吊装完毕即开始盾构机主体的吊装下井，盾构机以前盾、刀盘中盾、尾盾的形式吊装下井，并进行井下组装。

盾构机下井的吊装顺序见图 3-5。

2. 盾构机的调试

盾构机始发掘进前进行全面系统调试，确保盾构机处于完好待机状态。调试项目见表 3-4。

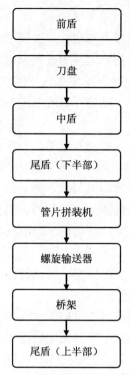

图 3-5　盾构机下井的吊装顺序

表 3-4　盾构机调试项目表

序号	项　目	内　容	结论
1	刀盘	正反转、转速	
2	螺旋输送机	转动、转速	
3	进出土闸门	开启、关闭、行程	
4	推进千斤顶	伸、缩、工作压力	
5	管片拼装机	正反转、轴向移动、吊装手	
6	管片输送机	轴向移动、动作	
7	人闸	2.5bar 试压	
8	泡沫试喷	全部喷孔	
9	盾尾油脂	试注	
10	储浆罐	转动螺旋叶片	
11	注浆泵	启动	
12	皮带输送机	启动	
13	超挖刀	伸、缩	
14	冷却循环水	开启	
15	空压机	启动	
16	油脂泵	启动	

　　盾构机吊装下井组装、调试时间从始发前一个月进行，时间为 20～30 d。

　　（1）反力架定位。利用垂线和全站仪测量基准环的垂直度，并使基准环端面与始发托架中轴线垂直；

（2）反力架安装。

反力架定位好以后，分节安装反力架部件，并调节好位置。

为加强反力架的稳定性，对安装好的反力架用型钢和钢管进行支撑。

反力架两立柱上部用两组 H 型钢支撑在车站主体结构中板上。

反力架两立柱分别在中下部和中部位置设置两道 609 钢管斜撑，斜撑和预埋在车站底板上的钢板焊接。

反力架底部横梁水平设置五道 609 钢管支撑，固定在车站工作底板端墙上。

反力架侧部用 H 型钢与车站侧墙固定，防止反力架在反力作用下偏移。

反力架及其支撑的安装开始于盾构机吊装下井之后，时间为 4 d。

（3）配套设施布置。配套设施包括 45 t 龙门吊，浆液搅拌站，通风机，充电机，空压机，污水泵，碴车，管片车，运浆车，装载机，辅助汽车吊，柴油发电机组，污水三级沉淀池。

（4）管片生产。根据现在管片生产情况，预计到盾构始发前管片厂管片库存能够达到 900 环，满足盾构始发初期掘进需求。

（5）电力系统。每台盾构机自配备 750 kVA 和 300 kVA 变压器各一台，进线 10 kV，出线 400 V。始发前应将 10 kV 高压电从地面接线端引入盾构。经检测合格后通电，检查盾构机内各控制柜是否正常，电压是否符合要求，相序是否正确，照明系统是否完好，检查切削刀盘驱动是否正常。另外，通过变压器，将 380 V 降压到 220 V、100 V 的电源供控制、照明用。

盾构机上装备有紧急照明系统，可在供电突然终止时提供临时照明用。

地面井口、底板、中板和洞内照明、二次注浆的供电均由地面提供。

三、盾构始发掘进

（一）初期掘进

1. 初期掘进长度的确定

本工程初期掘进长度设定为 100 m。100 m 的长度考虑以下几个因素：

（1）盾构机和后方台车的长度。

（2）工作井井口处布置双线道岔的需要。

（3）管片与土体之间的摩擦力足以支持盾构机的正常掘进。

同时将下沙西站—九堡东站区间和下沙东站—文泽路站的前 100 m 作为掘进试验段，此段由盾构机生产厂家人员操作盾构机，通过设立试验段，以达到以下的目的：

① 掌握在不同地质地层中盾构推进的各项参数的调节控制方法。测定和统计不同地层条件下推力、扭矩的大小；盾构机姿态的控制特点；注浆参数的选择和浆液配比的优化；同步注浆中出现的问题和解决方法；各种刀具的适应性等。熟练掌握管片拼装工艺及注浆工艺。掌握施工监测与盾构机推进施工的协调方法等。

② 及时分析在不同地层中各种推进参数条件下，地层的位移规律和结构受力情况，以及施工对地面环境的影响，并及时反馈调整施工参数，为全标段顺利施工做好参照。

2. 初期掘进模式的选择

选择土压平衡模式推进。

3. 初期掘进的参数控制管理

初期掘进为盾构施工中技术难度最大的环节之一，不可操之过急，要稳扎稳打。在初始掘进段内，对盾构的推进速度、土仓压力、注浆压力作了相应的调整，建议指标为：推进速度 20～30 mm/min，土仓压力：0.06～0.18 MPa，注浆压力：0.15～0.3 MPa（需以地层计算为主）。

盾构机盾尾进入土体后进行同步注浆，始发阶段同步注浆加入速凝剂，使洞门处水泥砂浆迅速凝固，防止地下水涌入，并迅速填充盾体与管片之间的空隙。

通过初始推进，选定了六个施工管理的指标：①土仓压力；②推进速度；③总推力；④排土量；⑤刀盘转速和扭矩；⑥注浆压力和注浆量。其中土仓压力是主要的管理指标。

（二）渣土运输

为保证盾构始发段的出土，在距离洞门 74.5 m 处，于下沙西站车站中板和顶板左右跨各设置两个临时出土口。渣土用运输列车将渣土运送到临时出土口，龙门吊再吊出到碴坑，并用自卸汽车外运出土。由于本地区所出渣土含水量较大，故在渣坑东西两侧设置集水坑，将渣土中的部分水分流入集水坑中，渣土经晾置后再外运出土，可减少对环境的污染。

（三）管片拼装

管片由管片车运到隧道内后，由专人对管片类型、龄期、外观质量和止水条粘结情况等项目进行最后一次检查，检查合格后才可卸下。

检查的内容主要有：管片表面光洁平整，无蜂窝、露筋，无裂痕、缺角，无气、水泡，无水泥浆等杂物；灌浆孔螺栓套管完整，安装位置正确。管片密封垫和止水条的粘贴位置正确，粘结牢固。止水条附近不允许有缺陷。检查合格的管片经单、双轨梁按拼装顺序吊运到管片堆放架上，避免待拼装的管片和已拼装好的管片发生碰撞从而发生缺棱掉角的情况。掘进结束后，管片再由双轨梁送到管片拼装机工作范围内等待拼装。负环管片不存在防水问题，因此采用通缝拼装。其余管片采用错缝拼装。

（1）管片选型以满足隧道线型为前提，重点考虑管片安装后盾尾间隙要满足下一掘进循环限值，确保有足够的盾尾间隙，以防盾尾直接接触管片。

（2）管片安装必须从隧道底部开始，然后依次安装相邻块，最后安装封顶块。安装第一块管片时，用水平尺与上一环管片精确找平。

（3）安装邻接块时，为保证封顶块的安装净空，安装第五块管片时一定要测量两邻接块前后两端的距离（分别大于 F 块的宽度，且误差小于+10 mm），并保持两相邻块的内表面处在同一圆弧面上。

（4）封顶块安装前，对止水条进行润滑处理，安装时先径向插入 2/3，调整位置后缓慢纵向顶推。

（5）管片块安装到位后，应及时伸出相应位置的推进油缸顶紧管片，其顶推力大于稳定管片所需力，达到规定要求，然后方可移开管片安装机。

（6）管片安装完后要及时对管片连接螺栓进行二次紧固。

（四）始发测量监测

详见始发施工测量监测专项方案。

（五）负环管片、始发托架和反力架的拆除

盾构完成 100 m 初期掘进以后，开始对负环管片、始发托架和反力架进行拆除，准备正常掘进。拆除负环管片之前，将洞门附近的管片用 6 根 ［14b 槽钢沿隧道纵向拉紧，并拧紧螺栓，防止管片松弛。

（1）将反力架后座与车站结构分离，采用切割反力架后撑的型钢，并用千斤顶顶开后，将反力架和车站结构分离约 100 mm。

（2）将反力架与负环分离约 100 mm。

（3）用两条钢丝绳各绕首负环一圈，在横向另加一条钢丝绳作保险绳，整环吊出井口。

（4）拆除其他负环各连接螺栓，分别吊出井口。

（5）分块拆除始发托架和反力架并调出井口。

（六）始发掘进工期控制

九堡东站—下沙西站区间右线 100 m 始发掘进，根据车站进度情况，初定于 2008 年 9 月 20 日—10 月 9 日完成，工期为 20 个工作日，左线于右线始发后一个月开始始发掘进。下沙东站—文泽路站区间左线始发掘进，初定于 2009 年 12 月 17 日，右线于左线始发后一个月开始始发掘进。

四、质量控制措施

初期掘进前，对前方地层的地质情况充分了解，不能一概而论，要根据土质情况选择恰当的模式。

盾构机正面中心土压力根据计算确定，并根据跟踪测量数据及时调整设定压力，随时做好二次压浆的准备。

在初期掘进阶段，由于反力架会产生不同程度的变形，因而影响隧道成环质量，若当管片接缝发生问题时，及时纠正，以提高成环质量，并做好测量工作。

根据盾构机埋深、地层情况确定土压平衡状态下密封仓内的土压力，压力根据不同地质情况采取适当调整，且密封仓被充满后，开启螺旋输送机出土，以控制排土速度，来保证密封仓内的土压力和开挖面土压力相平衡。

最初的 100 m 管片安装保持良好的真圆度，保证盾构始发位置的准确。如最初的真圆度保持不好，则往后误差会越来越大，不但造成后续施工越来越困难，也会对管片本身产生破坏。因此最初的管片安装必须做到以下几点：

（1）按顺序及操作规范施工。

（2）拼装管片后及时进行同步注浆。

加强管片真圆度的测量。测量办法有两种：丈量弦长、间距控制法；通过测量盾尾间隙，如各个方向的间隙基本一致，则可说明管片的真圆度较好。

安装成环后，在纵向螺栓拧紧前，进行衬砌环椭圆度测量。当椭圆度测量，当椭圆度大于 31 mm 时，及时做调整。管片拼装允许误差见表 3-5。

表 3-5　管片拼装允许误差

项目	允许偏差	检验方法	检查频率
衬砌环直径椭圆度	±5‰D	尺量后计算	4 点/环
隧道圆环平面及高程位置	±50 mm	用经纬仪测中线	1 点/环
相邻管片的径向错台	5 mm	用尺量	4 点/环
相邻环片环面错台	6 mm	用尺量	1 点/环

止水条及衬垫粘贴前，应将管片进行彻底清洁，以确保其粘贴稳定牢固。

管片安装前应对管片安装区进行清理，清除如污泥、污水，保证安装区及管片相接面的清洁。

严禁非管片安装位置的推进油缸与管片安装位置的推进油缸同时收缩。

管片安装时必须运用管片安装的微调装置将待装的管片与已安装管片块的内弧面纵面调整到平顺相接以减小错台。调整时动作要平稳，避免管片碰撞破损。

盾构机密封刷处已涂满密封油脂。

盾构机始发时应缓慢推进。始发阶段由于设备处于磨合阶段，注意推力、扭矩的控制，同时注意各部分油脂的有效使用。掘进总推力控制在反力架及其支撑共同承受能力以下（1 400 t），同时确保在此推力下刀具切入地层所产生的扭矩小于始发架提供的扭矩。

始发前在刀头和密封装置上涂抹油脂，避免刀盘上刀头损害洞门密封装置。始发前在始发架上涂抹油，减少盾构机推进阻力。

始发架导轨必须顺直，严格控制标高、间距及中心轴线，基准环的端面与线路中线垂直。盾构机安装后对盾构机的姿态复测，复测无误后才开始掘进。

盾构刚进洞时，掘进速度宜缓慢，同时加强后盾支撑观测，尽量完善后盾钢支撑。

在始发阶段，由于盾构机推力小、地层较软，调整盾构机姿态，使用下侧的千斤顶加朝上的力的同时一边向前推进，防止盾构机磕头。

始发初始掘进时，盾构机位于始发架上，在始发架及盾构机上焊接相对的防扭转装置，为盾构机初始掘进提供反扭矩。

盾构机始发在反力架和洞内正式管片之间拼装负环管片在外侧采取钢丝拉结和木楔加固措施，以保证在传递推力过程中管片不会浮动变位。

同步注浆的注意事项：

在开工前制定详细的注浆作业指导书，并进行详细的浆材配比试验，选定合适的注浆材料及浆液配比。根据本区间始发时防水的需要可将浆液的凝固时间适当缩短。

制订详细的注浆施工设计和工艺流程及注浆质量控制程序，严格按要求实施注浆、检查、记录、分析，及时做出 P（注浆压力）—Q（注浆量）—t（时间）曲线，分析注浆速度与掘进速度的关系，评价注浆效果，反馈指导下次注浆。

五、安全控制措施

所有特殊工种必须持证上岗，作业人员佩戴好安全帽、安全带、工作服、绝缘鞋、防护罩及各项安全防护用品。

始发时，在洞口内侧准备好砂袋、水泵、水管、方木、风炮等应急物资和工具。

准备洞内、洞外的通讯联络工具和洞内的照明设备。

增加地表沉降监测的频次，并及时反馈监测结果指导施工。

橡胶帘布外侧涂抹油脂，避免刀盘刮破帘布而影响密封效果。

在盾构始发后安装的几环管片，一定要保证注浆饱满密实，并且一定要及时拉紧，防止引起管片下沉、错台和漏水。

盾构密封刷要涂满密封油脂。

盾构机始发在反力架和洞内正式管片之间安装 8 环负环管片在内、外侧采取钢丝拉结和钢管支撑和方木等加固措施，以保证在传递推力过程中管片不会浮动变位。

洞门水平运输列车按照规范操作，设专职人员指挥。

管片拼装必须落实专人负责指挥，盾构机司机必须按照指挥人员的指令操作，严禁擅自转动拼装机，以免发生伤亡事故。拼装管片时，拼装工必须站在安全可靠的位置，严禁将手脚放在环缝和千斤顶的顶部，管片安装过程中，举起的管片下严禁有人作业。

盾构机掘进时，严格执行盾构机安全操作规程，不得在设备运转过程中检修设备。

根据地层实际情况，必要时采取带压换刀，人员严格按照带压作业操作顺序进行操作。

在始发掘进前应对端头是否有可燃性气体作进一步的检测取证。若存在可燃性气体，则应在始发掘进时采取加强通风、禁止吸烟等措施来保证掘进的安全。

洞门凿除时，距洞口 2 m 处，设立安全警戒线；在剔除洞门上不稳定的混凝土保护层时，注意有无大块下滑，如有大块滑移迹象，及时通知值班技术人员，现场分析有无安全隐患；对检测孔 24 h 现场观测，如果有泥沙或大水流出，用事先准备好的棉纱和木楔封堵检测孔；二次凿除后，如果盾构机不能及时始发，派专人观测洞门土体变形情况，同时作好地面沉降监测，如果地面沉降超过 30 mm，启动应急措施；在洞门凿除前 5 d 至盾构始发通过端头区的时间内，加强始发端头降水。

第二节　地铁隧道泥水平衡盾构施工技术

伴随着我国社会主义经济建设的迅猛发展和综合国力的增强，城市人口流量还在增加，再加上机动车辆呈现逐年上涨的趋势，交通状况不断恶化。为了改善交通环境，采取了各种措施。其中兴建地下铁道得到了普遍的认可，最近几年在北京、广州、深圳等城市便兴建了大量的地下铁道。由于在城市中兴建地下隧道，其施工方法便受到底边建筑物、道路、城市交通、水文地质、环境保护、施工机具以及资金条件等因素的影响较大，因此各自采取的施工方法也不尽相同。此处我们只介绍地铁隧道泥水平衡盾构施工技术。

一、泥水盾构产生

最初的泥水盾构要追溯到一百多年前的 Greathead 及 Haag 的专利。由于高透水性地层用压缩空气支撑隧洞开挖面非常困难，1874 年，Greathead 开发了用流体支撑开挖面的盾构，开挖出的土料以泥水流的方式排出。1896 年 Haag 在柏林为第一台德国泥水式盾构申请了专利，该盾构以液体支撑开挖面，其开挖室是有压和密封的。1959 年 E.C.Gardner 成功地将以液体支撑开挖面应用于一台用于建造排污隧洞的直径为 3.35 m 的盾构。1960 年 Schneidereit 引进了用膨润土悬浮液来支撑开挖面，而 H.Lorenz 的专利提出用加压的膨润土液来稳固开挖面。1967 年第一台有切削刀盘并以水力出土、直径为 3.1 m 的泥水盾构在日本开始使用。在德国，第一台以膨润土悬浮液支撑开挖面的盾构由 Wayss & Freytag 开发并投入使用。

二、泥水盾构发展

泥水式盾构机的发展有三种历程，即日本历程、英国历程和德国历程。到目前只有日本和德国两个主要的发展体系。日本的发展历程导致当今的泥水盾构，德国的发展历程导致水力盾构。以日本的泥水盾构为基础发展了土压平衡盾构，而德国的水力盾构导致很多不同的机型，如混合型盾构、悬臂刀头泥水盾构及水力喷射盾构等。德国和日本体系的主要区别是德国式的在泥水舱中设置了气压舱，便于人工正面控制泥水压力，构造简单；日本式的泥水密封舱中全是泥水，要有一套自动控制泥水平衡的装置。

1967 年三菱公司制造了第一台为泥浆开挖面支护的试验盾构，直径为 3.10 m 的样机取得经验后，1970 年建造了第一台大型泥水盾构，直径为 7.20 m，用于建设海峡下的 Keiyo 铁路线。从此以后，日本的很多制造商生产了此型盾构。与欧洲相比，泥水盾构在日本使用很多。在欧洲，英国的 Markham，法国的 NFM 及 FCB 公司等采用日本许可证，也制造了泥水盾构。

德国的发展历程起始于 1972 年，德国承包商 Wayss 及 Freytag 公司开发了水力盾构系统。1974 年，其样机用于建设 Hamburg 港口下的 Hamburg-Wilhelmsburg 总管道，盾构外径为 4.48 m。当时还没有可靠的盾尾密封。这样一来整条隧道被加压。因为此型盾构是首次使用，很多修改事先未预料到。为了继续隧洞修建工程，采取了许多补救措施，解决了一些主要问题。第二次掘进着重解决了可靠的尾封，使得在最后的 30 m，采用了新的尾封后才达到隧洞内无压力的目的。

三、泥水平衡盾构适用范围

由于泥水平衡盾构具有在易发生流砂的地层中能稳定开挖面，泥水传递速度快而且均匀，开挖面平衡土压力的控制精度高，对开挖面周边土体的干扰少，地面沉降量控制精度高，用泥浆管路可连续出渣，施工进度快，刀盘、刀具磨损小，适合长距离施工等优点。因此，泥水平衡盾构适用于含水率较高、软弱的淤泥质黏土层、松散的砂土层、沙砾层、卵石层和硬土的互层等地层。特别适用于地层含水量大的上方有水体的越江隧道和海底隧道，以及超大直径盾构和对地面变形要求特别高的地区施工。

四、泥水平衡盾构原理

泥水盾构工作原理

泥水式盾构机施工时稳定开挖面的机理：以泥水压力来抵抗开挖面的土压力和水压力

以保持开挖面的稳定，同时，控制开挖面变形和地基沉降；在开挖面形成弱透水性泥膜，保持泥水压力有效作用于开挖面。

在开挖面，随着加压后的泥水不断渗入土体，泥水中的砂土颗粒填入土体孔隙中，可形成渗透系数非常小的泥膜（膨润土悬浮液支撑时形成一滤饼层）。而且，由于泥膜形成后减小了开挖面的压力损失，泥水压力可有效地作用于开挖面，从而可防止开挖面的变形和崩塌，并确保开挖面的稳定。因此，在泥水式盾构机施工中，控制泥水压力和控制泥水质量是两个重要的课题。

为了保持开挖面稳定，必须可靠而迅速地形成泥膜，以使压力有效地作用于开挖面。为此，泥水应具有以下特性：

（1）泥水的密度。为保持开挖面的稳定，即把开挖面的变形控制到最小限度，泥水密度应比较高。从理论上讲，泥水密度最好能达到开挖土体的密度。但是，大密度的泥水会引起泥浆泵超负荷运转以及泥水处理困难；而小密度的泥水虽可减轻泥浆泵的负荷，但因泥粒掺走量增加，泥膜形成慢，对开挖面稳定不利。因此，在选定泥水密度时，必须充分考虑土体的地层结构，在保证开挖面的稳定的同时也要考虑设备能力。

（2）含砂量。在强透水性土体中，泥膜形成的快慢与掺入泥水中砂粒的最大粒径以及含砂量（砂粒重/黏土颗粒重）有密切的关系，这是因为砂粒具有填堵土体孔隙的作用。为了充分发挥这一作用，砂粒的粒径应比土体孔隙大而且含量适中。

（3）泥水的黏性。泥水必须具有适当的黏性，收到以下效果：

① 防止泥水中的黏土、砂粒在泥水室内的沉积，保持开挖面稳定。

② 提高黏性，增大阻力防止逸泥。

③ 使开挖下来的弃土以流体输送，经后处理设备滤除废渣，将泥水分离。

土体一经盾构机开挖，其原有的应力即被释放，并将产生向应力释放面的变形。此时，为控制地基沉降，保持开挖面稳定，必须向开挖面施加一个相当于释放应力大小的力。泥水式盾构机中由泥水压力来抵消开挖面的释放应力。在决定泥水压力时主要考虑开挖面的水压力、土压力以及预留压力。

在泥水式盾构机中支护开挖面的液体同时又作为运输介质。开挖工具开挖的土料在开挖室中与支护液混合。然后，开挖土料与悬浮液的混合物被泵送到地面。在地面的筛分场中支护液与土料分离。随后，如需要，添加新的膨润土，再将此液体泵回隧洞开挖面。

泥水式盾构机的主要弊病是筛分场（场地及能源需要、环境污染）和排出膨润土液中包含的不可分离细料所引起的困难。与其他系统相比，经济地运用泥水式盾构机主要取决于泥水悬浮液分离的要求及地层的渗透性和悬浮液的成分。

五、泥水平衡盾构施工技术

（一）泥水盾构的始发（出洞）

泥水盾构的始发是盾构施工的关键工序，也是盾构施工难题之一，决定着盾构施工的成败。泥水盾构始发难点在于进排泥水系统在始发时的安装连接、出洞时的防止洞口土体坍塌、流砂、涌水。

泥水盾构始发的主要内容包含：封门、土体加固、临时支撑、洞门密封等，也有采用辅助工法进行始发的（冻结法）。

泥水盾构始发方法多种多样，有利用现有空间组装好后利用临时支撑始发的（如地铁工程利用车站始发）、有利用竖井始发的、有开挖始发隧道始发的（始发隧道有长有短）。

1. 封门

（1）现浇钢筋混凝土封门。工作井的施工一般采用沉井或连续墙工法，按照顿沟外径尺寸在井壁（或连续墙钢筋龙）上预埋环形钢板。环形钢板切断了井壁受力筋，洞周需作构造处理。环形钢板内的钢筋混凝土圆板可按四周弹性固定进行受力分析及断面设计。

盾构出洞之前，需花费很多人力凿除钢筋混凝土封门，工人劳动强度大，进度慢，封门外土体必须加固。

（2）钢板桩封门。盾构工作沉井制作时，按照设计要求在井壁上预留圆形孔洞。沉井下沉到位后，井壁外侧压入密排钢板桩，封闭预留孔洞。在沉井下沉后，依靠钢板桩来抵挡住侧向水土压力。盾构刀盘切入洞口抵近钢板桩时，用大型起重机将钢板桩逐根拔起。

钢板桩也可与其他材料合用，成为复合式的封门。

使用钢板桩作为盾构出洞封门有一个最大的缺点，就如同利用钢板桩作为基坑维护一样，在拔除钢板桩时会引起较大的地表沉降，影响周围管线和建筑物。洞口土体加固后，钢板桩沉入有困难，下部易弯曲，达不到封闭洞口的目的。对于过江隧道，盾构在江边沉井中出洞，因为钢板桩打入和拔起时会导致大量的地面水涌入工作井。

（3）装配式封门。按照设计尺寸，将混凝土获轻质混凝土支撑圆形楔块，沉井下沉前将该楔块嵌入井壁预留孔洞。沉井下沉后，由楔块承担侧向水土压力并防止地下水渗漏。

出洞时可用刀盘旋转切削直接出洞，甚至可以不作洞外土体加固，特别是用于盾构法越江隧道施工中盾构在江边沉井中出洞。

（4）其他。在基岩中始发时，围岩自稳性良好、水量不大时，可以不制作封门，直接用钢筋混凝土制作洞门，预留出洞口，直接出洞施工。

2. 土体加固

洞口周围土体加固包括：注浆加固、深层搅拌桩、旋喷桩等化学加固方法和井点降水疏干、冻结加固等物理加固方法。

（1）土体加固原则。具体采用哪一种加固方法，应根据实际情况作出选择，在砂质土层不宜使用注浆加固；埋深较深的进出洞口不宜用井点降水疏干等。

（2）土体加固厚度。砂性土体中盾构出洞加固范围为盾构机长度加上3环管片的长度。黏性土体加固厚度一般可取洞口直径的1/2。

3. 临时支撑

临时支撑始盾构始发是盾构法施工的根本，是重要工序。要有足够的稳定性，确保盾构始发时推力均匀地传递到各支撑上。临时支撑包括基座、导轨、支撑等。还有些泥水盾构利用钢管片、安装负环管片始发。

4. 洞门密封

为了防止盾构始发时泥水、地下水从盾壳和洞门的间隙处流失，以及盾尾通过洞门后背衬注浆浆液的流失，在盾构始发时需安装洞门临时密封装置，临时密封装置由帘布橡胶、扇形压板、垫片和螺栓等组成。

为了保证在盾构机始发时快速、牢固地安装密封装置，在始发隧道洞门施工时在洞门处预埋环状钢板。

密封装置安装前对帘布橡胶的整体性、硬度、老化程度等进行检查，对圆环板的成圆螺栓孔位等进行检查，并提前把帘布橡胶的螺栓孔加工好。盾构机进入预留洞门前在外围刀盘和帘布橡胶板外侧涂润滑油以免盾构机刀盘挂破帘布橡胶板影响密封效果。

泥水盾构始发时，为了确保洞门的密封，可采用铰接压板。当盾构机刀盘进入洞门前将铰接压板全部折向隧道方向，与盾构机成一定角度压在盾构机外壳上，并用螺栓固定；当盾构机主机全部通过洞门后铰接压板前段靠在推垫的外表面，起到防止泥水、浆液流失的作用，确保洞门密封能抵挡高水压，保证始发顺利进行。

（二）泥水盾构正常掘进

泥水平衡模式是泥水盾构的主要操作模式，该模式适应于围岩的自稳性较好，地表沉降要求不高，地下水含量不大以及非砂层、砾石层等。在泥水平衡模式下掘进的原理是：位于设备最前端的刀盘来切削掌子面的围岩，位于地面的进浆泵将浆液泵送入开挖舱，一系列的排浆泵将刀盘切削下来并经破碎的石碴泵送至地面的泥水处理系统进行石碴的分离，通过控制进、排浆量来使开挖舱维持一定的压力，这个压力即可平衡掌子面的水压和土压，保证掌子面的稳定。

在泥水平衡模式下掘进时，操作人员必须时刻注意各种掘进参数的变化并迅速分析、判断并对变化的参数进行合理的调整。一般来说，掘进时应对以下项目进行控制和测量：

（1）盾构机切削刀盘与掌子面压力的控制和测量。

（2）切削刀盘的扭矩（驱动压力）的控制和测量。

（3）盾构机开控舱泥水压力的控制和测量。

（4）盾构机顶部泥水压力的测量。

（5）同步注浆及注脂的控制。

（6）盾构机推进压力的控制的测量。

（7）进排浆系统压力及流量的控制和测量。

（8）掘进方向的控制和测量。

（三）掘进参数的控制

泥水压力的设定根据地质情况和开挖面涌水量的大小确定泥水压力，一般保持在松弛土压、孔隙水压、备用压力。围岩稳定性较好，可以保持在孔隙水压+备用压力。围岩稳定性很好，可以保持在泥水刚刚充满盾构开挖舱即可。泥水压力设定是通过泥水循环系统实现的，通过调整进、排泥水流量，可以实现泥水压力的增高、降低。

1．推进速度

推进速度受到各种条件（盾构推力、刀盘转速、刀盘扭矩等）的制约，由于盾构机的推进是依据刀盘切削泥土或破岩来实现的，因此掘进中确保刀具受力不超过额定载荷是至关重要的，这些又与地质密切相关。推进速度还应该控制在盾构设计范围内，一方面防止动力部分过载，另一方面还应该保证碴土顺利排出。盾构掘进速度即为千斤顶推进速度，通常应控制在 20～40 mm/min 的范围内（详见表 3-6）。但是当在加固地层或砂浆墙等固结区域掘进时，为了防止大块固结体进入土舱，掘进速度应控制在 10 mm/min 以下。

表 3-6 不同地层时的标准掘进速度表

地层		掘进速度/（mm/min）
黏性土		25～30
砂	密实砂	25～30
	松散砂	25～35
砂砾		20～30
固结淤泥		15～25
软岩		10～20

2. 排碴量

严格控制排碴量，防止超挖和欠挖。泥水盾构的排碴是通过泥水携带排出的，通过泥水分离系统分离的碴土和监测泥水密度的变化，可以计算出碴土排量，此排量应等于碴土量×松散系数。

实际上，严格控制开挖面泥水压力和泥水质量，确保开挖面泥水压力足以抵抗开挖面土压、水压，确保泥水造墙性，从而维持开挖面的稳定，就达到了控制排碴量的目的。

3. 同步注浆和补强注浆

同步注浆是盾构施工的一重要环节，随着盾构的推进、已拼管片与无挖隧道内壁将会形成一环形空隙，这一空隙若不及时填充则会影响管片的形变及地表的沉降等不良后果。另外同步注浆还可以提高隧道的止水性能，保证管片的稳定性。

同步注浆一般采用惰性浆液，特殊地段采用速凝浆液。同步注浆量的确定是以围岩与管片外壁的环形空隙（一般稍大于此环形空隙）为基础的，同时应考虑开挖地层及掌子面水压等综合因素。

注浆压力的控制要综合考虑地质情况、浆液性质及开挖舱压力等因素。通常情况下注浆压力都控制在等于或略低于开挖舱压力，以保证浆液不流向掌子面而与碴土一起被排出。

为控制隧道后期沉降和加强隧道防水，须及时采取补强注浆，补强注浆位置和注浆量根据具体情况而定。

4. 盾构姿态控制及方向调整

盾构施工过程姿态变化不宜过大、过频，并且严格控制隧道平面和高程偏差引起的隧道折角不超过盾构转弯能力。

方向调整是通过推进油缸或导向油缸进行的，控制各组油缸行程差，使其不超过根据盾构转弯角所计算出来的数值。

5. 泥水处理及质量调整

除了利用泥水处理系统分离碴土，还要调整好泥水配比、黏性等参数。泥水处理设备由泥浆制备设备和泥水分离设备两部分组成。泥水处理系统设于地面，主要由旋流器、压力筛、调整槽、剩余泥水槽、清水槽、黏土（膨润土）溶解槽及取水口、排泥口等组成。如果施工环境（施工用地）条件允许，将采用沉淀池代替部分设备。

（四）泥浆制备

1. 作泥量

作泥量在考虑了以下因素的基础上，从物资平衡的角度进行推断：

（1）混入泥水中的粉砂、黏土使泥水成分增加（砂质土几乎全部，硬质黏土有10%～15%的细粒混入）。

（2）在作业面的损失量。

（3）泥水处理时的损失量。

（4）在加长配管时的损失量等。

（5）从配管、泵向洞内泄漏的损失量等。

2. 作泥设备

泥水的比重和黏度是泥水主要控制指标。在充分把握开挖前后泥水成分的增减和查明对于不同地质的泥水损失量及泵的规格的基础上，设置能应付预想的泥水性能变化的设备容量。作泥设备主要包含剩余泥水槽、黏土溶解槽、清水槽、调整槽、CMC（增黏剂）贮备槽、搅拌装置等。

3. 泥水制作流程

调整槽内泥水不足时，黏土或膨润土被送入黏土溶解槽，经过搅拌装置充分搅拌后，送入调整槽；剩余泥水槽内的黏稠泥浆与来自清水槽的水混合，经过搅拌后，送入调整槽。

泥水黏度不足时，向泥水中添加CMC增加泥水黏度。

调整槽内的泥水经搅拌后由送泥泵送入送泥管道。

（1）泥浆制作要求。

①泥水密度：送泥时的泥水比重控制在泵能力内；使用黏土、膨润土（粉末黏土）提高比重；

添加CMC来增大黏度。

②黏性：黏性大泥浆在砂砾层可以防止泥浆损失、砂层剥落，使作业面保持稳定。一般情况下，由以下条件确定泥浆的黏性：在坍塌性围岩中，使用高黏度泥水，但是泥水黏度过高，处理时容易堵塞筛眼，造成作业性下降；另外，在黏土层中，黏度过低也会造成事故；根据围岩的条件不同而不同，但一般情况下漏斗黏度控制在25～35sec。

③造墙性：泥墙可以将泥水压有效地传递到开挖墙面（作业面：外周面），并且泥水的有效成分可以侵入围岩缝隙中，使黏着力增大，从而保持作业面稳定；为了形成良好的泥墙，泥水中必须含有必要浓度的泥水的有效成分，并且使这些成分稳定（分散）；在砂质土中，造墙性的管理显得特别重要。

④稳定性：为了使泥水有优良的造墙性和适当的黏性，必须使泥水处于分散状态，即使长时间的放置也不会产生上澄液；稳定性受泥水中有效成分浓度与盐类浓度的支配，在含有10.00 ppm以上盐分的地下水的情况下，采用添加分散剂或其他方法；盾构停止掘进时，泥水基本得不到搅拌，这时稳定性不好的泥水，其泥水成分可能会出现沉淀，所以在盾构施工过程中加强泥水试验工作。

⑤浓度：泥水浓度根据不同的地质而各不相同，透水性高的围岩中使用的泥水浓度一般为10%～25%；泥水处理设备限制着用于提高黏度、护壁性等添加剂的量，所以在泥水

盾构施工中可用增大微粒子浓度的方法来提高泥水机能。

（2）泥水处理过程。

随着盾构机的掘进，切削土随着泥浆被运送，用处理设备将固体和液体分开后再排出。处理后的泥水，经过调整后，再作为送泥水循环使用。处理设备可大致分为一次处理、二次处理、三次处理。一般情况下，砂质土做一次处理，黏性土做二次处理。

① 一级处理的过程为：由排泥管排出的泥浆经过脱水筛过滤后被送到泥浆沉淀槽内，将泥块、碎石进行首次分离，分离出来的泥块、碎石进入振动筛，再次分离后，进入输送带并运到集料槽排出，而由沉淀槽与振动筛分离出来的泥浆，进入泥水分离旋流器内，进行循环分离，分离出来的砂土，再进入脱水筛脱水后，进入输送带运至集料箱排出，分离器分离出来的泥浆，进入调整槽重新使用，在调整槽内，并按比例加入一定量的黏土、CMC、清水进行混合，制成适合地层特征的新泥浆，由送泥泵泵入盾构泥水室内，调整槽内多余的泥浆被送到剩余泥浆槽内。

一级泥水处理的对象是从作业面返回的排出泥水中粒径在 74 μm 以上的砂、砾、粉砂、黏土块，使用振动筛和离心分离器等设备对其进行筛分，即可达到目的，分离出的土颗粒由土车运走。

② 二级处理的过程为：进入溶解槽内的泥浆与 PAC 槽内的聚集剂相混合，被泵送入压力过滤筛中，进行第二次分离，其中被分离出来的土砂、泥土，进入料槽中排出，液体则进入滤液槽中，一部分进入清水槽中，进行循环使用，另一部分则进入 pH 槽中。

二级泥水处理的主要对象是泥水一次处理时不能分离的 74 μm 以下的粉砂、黏土等细小颗粒。处理过程中一般先用絮凝剂 PAC（聚合氯化铝）使其絮凝成团，然后用压力过滤筛将其压滤成含水量较低的泥块后与泥水分离。

③ 三级处理的过程为：将进入 pH 槽中的液体，进行酸碱处理，达到排放标准后，方可排放。

泥水处理中，三次处理就是放流和调整再使用水，对需排放的剩余水作 pH 值调整。采用的材料主要是稀硫酸或适量的二氧化碳气体。

（五）泥水盾构到达（进洞）管理

盾构到达是盾构推进施工的最后一道工序，也是关系工程成败的关键工序之一。盾构到达施工要保证隧道贯通、防止靠近洞口若干环管片纵向移位、防止基座出现姿态突变而影响成环管片变位等，还需要在洞门封门拆除、洞门缝隙处理等方面采取相应的技术措施、施工工艺和方法，确保盾构顺利到达。

1. 到达前姿态控制

在盾构离洞口 50～100 m 处，作最后一次传递测量，从而复核盾构的位置是否在到达要求的范围之内。从三个方面控制盾构姿态：盾构轴线与隧道轴线夹角控制；盾构切口中心高程偏离值宁正勿负；盾构切口中心平面偏离值控制在允许范围内。

2. 管片拉紧

每环管片拼装后及时拧紧、复紧。对前若干环管片全部连接在一起，采取纵向拉杆或其他材料。

3．洞口封门

如为钢板封门，应在盾构距离起 20～30 cm 时停止掘进，拆除封门后，盾构快速掘进进入接收基座上，并立即进行洞口缝隙密封处理。

如为钢筋混凝土封门，须在盾构到达前进行拆除。

4．接收导轨安装

根据测量出的盾构进洞姿态作为接收基座安装的依据，使盾构进洞后产生的姿态突变尽量小，并尽量较少对管片变位的影响。

5．土体加固

地质情况较差时的土体加固方法与始发施工类似。

六、工艺设计和控制要求

（一）技术要求

（1）盾构在厂内制造完工后，必须进行整机调试，检查核实盾构设备的供油系统、液压系统和电气系统的状况，调试机械运转状态和控制系统的性能，确保盾构出厂就具备良好的性能，防止设备上的先天不足给工程带来不必要的困难。

（2）盾构掘进施工对上部所需的覆土层的厚度，应满足下列要求：

① 在控制地面变形要求高的地区，各种盾构的最小覆土厚度一般均不宜小于隧道直径的 1 倍。

② 当实际覆土厚度不能满足上述规定时，应选用下列措施：

a. 水底隧道覆土厚度不足时，应选用合适黏土覆盖来增加覆土厚度，覆盖黏土的参数为 W≤40、Ip>20、Il=1～1.3、黏粒含量>30%。

b. 在陆地上施工点厚度不足时，可在设计允许情况下调整隧道埋设深度，也可选用合适黏性增加覆土厚度或采用井点降低地下水位，使盾构使用的气压值能与覆土厚度相适应，或用注浆方法减少土的透气性。

（3）平行双洞应有足够的线间距，洞与洞及洞与其他建（构）筑物之间所夹土（岩）体加固处理的最小厚度为水平方向 1.0 m，竖直方向 1.5 m。

（4）两条隧道平行或立体交叉施工时，应根据地质条件、土压平衡盾构的特点、隧道埋深和间距，以及对地表变形的控制要求等因素，合理确定两条盾构推进前后错开的距离。

（5）泥水平衡盾构掘进时，工作面压力应通过试推进 50～100 m 后确定，在推进中应及时调整并保持稳定。

（6）盾构掘进中遇有下列情况之一时，应停止掘进，分析原因并采取措施：

① 盾构前方发生坍塌或遇有障碍。

② 盾构自转角过大。

③ 盾构位置偏离过大。

④ 盾构推力较预计的增大。

⑤ 可能发生危及管片的防水、运输及注浆遇有故障等。

（二）材料质量要求

（1）工程所使用的各种原材料、半成品或成品都必须符合国家现行有关标准和设计要求，特别是防水材料在使用前必须按规定抽查检测。

（2）泥水要具有物理稳定性好，化学稳定性好，泥水的粒度级配、相对密度与黏度适当，流动性好，成膜性好。

（3）泥水的最佳特性参数是：可渗比 $n=14\sim16$、相对密度为 1.2、漏斗黏度为 $25\sim30s$、界面高度＜3 mm（24 h 静置后），pH 浓度 $7\sim10$。

（三）职业健康安全要求

（1）盾构工作竖井地面设防雨棚，井口周围应设防淹墙和安全栏杆。

（2）更换刀具的人员必须系安全带，刀具的吊装和定位必须使用吊装工具。在更换滚刀时要使用抓紧钳和吊装工具。所有用于吊装刀具的吊具和工具都必须经过严格检查，以确保人员和设备的安全。

（3）隧道施工时应进行机械通风，保证每人每分钟需供应新鲜空气 3 m³；最小风速不小于 0.15 m/s。隧道内气温不得高于 28℃；隧道内噪声不得大于 90 dB。

（4）带压作业人员必须身体健康，并经过带压作业的专业培训，制定并执行带压工作程序。

（四）环境要求

（1）针对盾构施工在特定的地质条件和作业条件下可能遇到的风险，在施工前必须仔细研究并切实采取防止意外的技术措施。

（2）应特别注意防止瓦斯爆炸、火灾、缺氧、有害气体中毒和涌水情况等，预先制定和落实发生紧急情况时的对策和措施。

七、质量标准

（一）盾构掘进水平与垂直方向控制标准

（1）水平方向控制标准：±50 mm。

（2）垂直方向控制标准：±50 mm。

（二）盾构推进时地表沉降控制标准见表3-7

表3-7 盾构推进时地表沉降控制标准

地表最大沉降量控制标准		
隧道掘削面地层	隧道上方地层	最大沉降量/mm
冲积层 软黏性土层	冲积层	30～100
洪积层 砂性土层	洪积层且厚度小于隧道直径	50～80
		10～30
黏性土层	洪积层或冲积层	30

八、成品保护

（1）盾构推进后，应及时对衬砌背后实施注浆，尽可能减少地层损失。

（2）盾构顶推时，应防止千斤顶对刚拼装完毕的管片造成损伤。

九、安全环保措施

（一）安全措施

（1）采用专门仪器、仪表测量可燃性气体、有害气体和氧含量并作好记录。

（2）必须选择合适的通风设备、通风方式、通风风量，做好隧道通风，将可燃性气体和有害气体控制在容许值以内。

（3）对存在燃烧和缺氧危险时，应禁止明火火源，防止火灾。

（4）当发生可燃气体和有害气体浓度超过容许值时，应立即撤出作业人员，加强通风、排气。

（5）盾构需停止施工较长时间时，应按相关规定做好各项安全防护工作。

（二）环保措施

（1）废弃泥水的排放应经三次处理，符合循环再利用标准及废弃物排放标准。

（2）盾构穿越重要建筑物下部时，应严格按监测计划实施监测，并及时进行信息反馈，确保建筑物的安全。

（3）施工现场产生的排水，应先经过沉砂池、沉淀池除去悬浮物质，对酸性、碱性溶液进行中和后才能排放至公共下水道。

十、工程实例

（一）工程简介

"进越号"大型泥水平衡盾构机上海隧道工程股份有限公司于 2007 年承接了"十一五"期间国家 863 项目——泥水平衡盾构的关键技术与样机研制。首次自主开发、设计、研制、生产了拥有完全自主知识产权的国产 φ 11.22 大型泥水平衡盾构掘进机"进越号"。并于 2008 年 10—12 月实现了盾构现场总装调试，并成功地应用于打浦路隧道复线工程施工。

上海世博会重大配套工程打浦路隧道复线工程全长约 2 970 m。其中江中段北起浦西工作井，南至浦东工作井，全长约 1 462 m，为圆形隧道区间，采用我国拥有完全自主知识产权的首台国产权 φ 11.22 泥水平衡盾构施工。隧道衬砌采用预制钢筋混凝土管片，错缝拼装。每环管片由封顶块 F 块（1 块）、邻接块 L 块（2 块：L1、L2）、标准块 B 块（5 块：B1、B2、B3、B4、B5）共 8 块管片构成。管片外径 11 000 mm，内径 10 400 mm，厚度为 480 mm。管片环宽分为 1.5 m 和 0.75 m 两种，其中，1.5 m 环宽的管片的形式主要有直线环、左曲环、右曲环，0.75 m 环宽的管片均为直线环，主要用于 $R=380$ m 超小半径段。

（二）地质条件

根据相关地质资料，隧道复线圆隧道在浦东陆地段穿越的土层从上到下依次为：灰色淤泥质黏土、灰色黏土、灰色砂质粉土和灰色粉质黏土夹粉砂；江中段从上到下依次穿越的土层为：灰色黏土、灰色粉质黏土夹粉砂和灰色粉质黏土；浦西段从上到下依次穿越的土层：灰色淤泥质黏土、灰色黏土和灰色粉质黏土夹粉砂土。

（三）工程难点

打浦路隧道复线盾构施工主要有以下几方面难点：

1. 长距离邻近既有隧道推进施工

老隧道位于隧道复线东侧。影响较大的区段主要为 409～403 连续沉井段（复线隧道盾构出洞段）、备用车道、盾构段（隧道复线 R=380 m 起始段）3 个部分，分述如下：

（1）409～403 连续沉井段位于隧道复线东侧，出洞段两隧道净距约 12 m，沉井每段长度为 20.55 m，底标高约－5.3 m，基本与隧道复线盾构顶标高相当。由于老打浦路隧道建成较早，受当时施工技术水平的限制、长期以来重载车辆通行以及隧道复线浦东工作井施工的影响。老隧道沉降较大。根据监测资料。自 20 世纪 90 年代到 2008 年 11 月底。407～409 沉井段最大累计沉降量达到 7 cm，且沉井接缝存在较严重的渗水现象。

（2）老隧道备用车道采用沉井法施工，隧道穿越处备用车道底标高约－6.4 m。与复线隧道净距仅 4.8 m。另外，该处地质条件比较复杂，土体荷载存在突变，这些都为盾构施工参数控制带来困难。由于备用车道接缝渗水情况比较严重。稍有不慎很可能出现泥浆从备用车道接缝窜入进到老隧道行驶车道，从而给盾构施工、老隧道结构带来极大安全风险，并造成老隧道无法正常运营的恶劣社会影响。

（3）在隧道复线 R=380 m 起始段处，两隧道净距 14～16 m。复线隧道（底标高约－23.5 m）略低于老隧道（底标高约－20 m）。盾构通过该区域时，如何做到既保证老隧道安全和正常运营，又保证盾构顺利进行 R=380 m 超小半径曲线段施工，将是一大技术难题。

2. 长距离下穿污水南干线

污水南干线浦东段约 300 m（63～260 环）位于打浦路隧道复线盾构上方。该段污水南干线规格为 2 m×2.2 m，管顶埋深约 3 m，与隧道垂直净距为 9.85～16 m，因该段污水南干线使用已久，根据 CCTV 探测，其接缝处渗漏现象严重。另外，在浦西段打浦路隧道线盾构将下穿污水南干线沉井及 800 mm 的 01 支管。与隧道垂直净距分别为 13.5 m 和 15 m。大型泥水平衡盾构长距离穿越老旧大型重要管线，在国内外盾构施工史上也属罕见，在盾构施工过程中如何保证污水南干线的安全稳定也将是一个重大挑战。

3. 长距离 R=380 m 超小半径平曲段施工

打浦路隧道复线自里程 K1+038.261～K0+595.7 为 R=380 m 的左曲小半径段，总长度为 442.561 m。K1+038.261 至 K1+003.5 段为－0.4% 的上坡段。K1+1003.5～K0+595.7 为－4.6% 的上坡段，对应隧道 629～925 环。

到目前为止国内外采用大型泥水平衡盾构已建成的隧道中，最小转弯半径为 R=500 m（上海大连路隧道）。采用φ11 220 的大直径泥水平衡盾构进行如此小半径曲线段施工在国内外尚属首次。因大直径泥水平衡盾构在施工中存在较多不确定因素（如土质软硬不均、盾构灵敏度欠佳、覆土厚度突变等），会造成盾构姿态与隧道轴线间存在偏差、管片成环整圆度欠佳等情况的出现，从而给盾构施工带来风险。

（四）盾构机设计要求

为保证顺利克服上述施工难题，对盾构机设计提出了以下要求：

（1）切口水压的精确控制。要求压力波动能控制在$-0.02 \sim +0.02$ MPa。

（2）具备单液砂浆的压注能力。同步注浆点必须设置成多点注浆，点位需分布合理，并能实时监控注浆压力和注浆量。

（3）泥水处理系统能对泥浆指标进行精确控制，并能根据工程需要添加特制新浆。

（4）稳定可靠的操作系统和精确的数据采集系统。

（5）可靠的盾尾密封系统。

（6）推进能力必须满足$R=380$ m超小半径平曲段盾构转弯要求。

（7）拼装机具备能对1.5 m和0.75 m两种环宽管片的拼装能力。

（8）具备较强的盾构纠偏能力。

（9）具备精确的推进自动导向能力。

（五）工程施工技术措施

1. 长距离邻近老隧道推进

主要采取了以下技术保障措施：

严格控制施工参数。

严格控制施工参数实际操作过程中泥水压力的波动能够控制在0.008 MPa以内；

（1）合理利用8个注浆点进行同步注浆，根据需要任意选取其中的点位进行同步压注，并实时监控注浆压力和注浆量；

施工中泥水比重控制在$1.25 \sim 1.28$，泥水黏度保持在$18 \sim 19$。

（2）对备用车道接缝预先加固（外贴抗高压止水带、在接缝处浇注钢筋混凝土梁以提高抗差异沉降能力等）。

（3）对老隧道的沉降和水平位移进行跟踪监测。

通过采取上述措施顺利完成了长距离邻近老隧道推进施工。盾构穿越过后的老隧道的水平位移最大为1.8 mm。沉降最大4.3 mm，矩形管节差异沉降量为0.2 mm。老隧道的沉降及变形均控制在规定要求范围内。穿越期间备用车道管节之间的差异沉降控制在1.5 mm以内，最大沉降控制在+1.32 mm。

2. 长距离穿越污水南干线

通过采取盾构施工参数的严格控制（切口压力波动控制0.008 MPa以内、盾构机推进纠偏幅度控制在0.2%以内）、污水南干线沉降监测、请排水公司配合减小污水管内水位波动等有效措施。盾构成功完成了对污水南干线的穿越，在施工过程中并没有对南干线的污水运营造成任何影响。

3. $R=380$ m超小半径段推进

主要采取了以下技术保障措施：

（1）通过1.5 m和0.75 m两种环宽管片的组合排片，有效降低盾尾卡壳的风险。

（2）拼装时管片路成为竖鸭蛋形状，有效降低管片与盾尾相碰的风险。

（3）自动测量系统每30 s完成一次盾构姿态的测量，盾构司机可以随时了解即时的盾构姿态信息，做出相应的纠偏措施。保证盾构能够完全按照轴线要求进行掘进施工。

（4）盾构的推进系统设置6个区，每个区的工作压力可分别调节，而且可以实施对选定千斤顶的停用。保证盾构机能够自由的大幅度纠偏。

（5）将真空吸盘式拼装机调换为插销式拼装机，以满足两种不同环宽管片的拼装。通过采取上述措施，盾构机在小半径曲线段施工能够按照正常段的控制标准进行施工。轴线偏差控制在±50 mm以内，管片无碎裂、无渗水等现象发生。

4. 正常段施工

通过对盾构机各设备的熟练操控、施工参数的严格控制以及相关监测的实时开展。自2008年12月底盾构出洞以来，先后顺利完成了盾构出洞、穿越防汛墙、黄浦江底推进、穿越浦两环卫大楼等重要建（构）筑物施工，现已完成进洞施工。盾构施工期间，月最大推进量达到200环，日最大推进量达到10环，正常情况下也能保证6~8环/d的平均施工进度。隧道施工质量较好，无碎裂，无渗水，隧道轴线控制在±50 mm以内，椭圆度控制在±5‰以内，正常段的地面沉降也控制在−30~+10 mm。

5. 结论

打浦路复线隧道是首台国产大型泥水平衡盾构的首个应用工程。根据工程特点，盾构机进行了针对性设计，并通过在推进过程中对各技术措施和施工参数的严格控制。成功克服了长距离邻近老隧道推进、长距离下穿污水南干线以及$R=380$超小半径平曲段施工等重大施工难点，隧道施工质量良好。首台国产大型泥水平衡盾构"进越号"的首次工程成功应用，体现了首台国产11.22 m大型泥水平衡盾构的优越性能，凸显了其卓越的技术优势。为我国大型盾构机的国产化作出了巨大贡献。

第三节　东莞至惠州城际轨道交通东江隧道下穿东江段施工技术

一、城际轨道交通

城际轨道交通属于轨道交通的一个新兴类别，介于铁路和城市轨道交通之间，主要用于解决城市与城市之间交通问题。城际轨道交通的发展将为城市居民在两个相邻城市之间生活和工作提供一种新型交通模式，对于优化城市格局，缓解城镇密集地区的交通问题具有重要意义。

城际轨道交通的概念有广义和狭义两种：广义概念是泛指联系各个城市之间的轨道交通或者铁路；狭义概念是指承担一定区域内，即城市群范围内，各城市和城镇间的轨道交通。也就是说，广义的城际轨道交通概念包括了铁路和狭义的城际轨道交通。目前，既有城市群城际轨道交通线网规划中的城际轨道交通概念均为狭义的城际轨道交通。城际轨道交通发展形式可以从现实中已经运营或在建的各种城际轨道交通来区分归类：

（1）高速铁路，如京津城际铁路、沪宁城际铁路等，其建设和运营标准都能符合高速铁路的定义，又能契合城际轨道交通的特点。

（2）普通铁路，如穗莞深城际轨道交通等，其建设标准不能满足高速铁路却契合城际轨道交通的含义。

（3）地下铁道，如广佛地铁，其是运营于广州和佛山两城市间的地铁系统，契合城际轨道交通的含义。

目前中国已经建成北京—天津、南京—上海、广州—珠海等城际轨道交通。珠江三角洲、长江三角洲、京津地区等城市群都规划了城际轨道交通，城际轨道交通的发展将成为改变中国区域发展格局的重要方式。长三角区域城际轨道交通规划方案的主骨架以上海为中心，沪宁、沪杭（甬）为两翼；城际轨道交通线网基本覆盖区内主要城市，形成以上海、南京、杭州为中心的"1～2 h 交通圈"。规划远景线网由十条线路构成，总长达 1 710 km。珠三角区域城际轨道交通线网结构是以广深、广珠为主轴，穗、深、珠为中心，向整个珠江三角洲经济区辐射，并衔接港澳的以放射形为主的网络结构，其线网布局形态为"两主轴、三放射、一联络"。中原城市群区域城际轨道交通线网规划方案结构为十字半环形。十字型为主骨架，是以郑州为中心、以洛阳—郑州—开封和新乡—郑州—许昌—漯河为主轴构成的。规划远景线网共 10 条线，总长度 1 125.2 km。规划远期（2030 年）建成郑州—机场—许昌—漯河、郑州—开封、郑州—洛阳、郑州—新乡、郑州—焦作、平顶山—许昌、新乡—焦作共 7 条城际轨道交通线，期末通车总里程达到 613.7 km。长株潭区域城际轨道交通线网规划方案为人字型骨架，分为三个层次和四条线路：第一层次核心线为长沙—株洲城际轨道交通线、长沙—湘潭城际轨道交通线；第二层次骨干线为株洲—湘潭城际轨道交通线；第三层次加密线为长沙西—湘潭城际轨道交通线。规划远景城际轨道交通线网总长度为 150 km，规划 2020 年城际轨道交通线长度为 56.7 km。

二、城际轨道交通的意义

（一）城际轨道交通的优势

1. 与干线铁路相比，具有以下优势

（1）规划灵活，占地少，可以充分利用地上、地下空间，在城市群中形成轨道交通网，方便换乘。

（2）车站间距短，沿线车站多，沿线市民的乘车比干线铁路方便灵活。

（3）由于为封闭式独立线路，运营方式多种多样，可以根据客流的要求开行直达列车、大小交通交替运行、短环行车、跳停部分车站等。

（4）采用自动售检票系统，缩短了乘客的排队购票时间，进站距离也短，完全能满足城市间上班市民的需求，随到随走。

（5）可以实现更短的发车间隔，发车密度较高。在上下班高峰时段，较小的行车间隔可以缩短乘客的候车时间，较快地分散高密度的客流。可以根据客流、交通等因素灵活地安排行车间隔，以满足不同时段、不同季节、不同阶段的运营需要。

（6）灵活的运营形式、现代的运营理念、先进的运营管理，可达到高效的服务质量。

2. 与道路公交相比，具有以下优势

（1）速度快，准时，运量大，发车间隔短。

（2）采用电力牵引，是一种绿色交通，节能环保。

（3）先进的信号控制系统，计算机控制、自动化技术等得到了广泛应用，可确保行车安全可靠、快速便捷。

（4）运行线路的运输效率高、现代化程度高、作业人员需求少、劳动生产率高。

（二）城市轨道交通的意义

中国未来的区域交通将是一个以轨道交通为主体、各种交通方式协调发展的节约型的综合交通系统。交通资源的消耗有生存型、小康型和奢侈型三种模式。中国不能学美国的奢侈型。美国主要依靠高速公路和飞机。在这种模式下，美国人1：3只占全世界的4%，却消耗了全世界石油的27%。小康型的交通模式是资源节约型和环境保护型的以轨道交通为主体的现代化运输体系。

1. 轨道交通引导城市发展

轨道交通具有引导城市发展的巨大功能。"交通引导发展+（TOD）"是彼特·卡鲁索普提倡的方法，基本思想是指不过分依赖汽车，以公共交通为主要交通手段、车站等交通节点为中心来使土地利用和城市结构紧凑化。城市空间发展基本上有两种模式：一种是单中心通过同心圆向外作低密度蔓延，俗称"摊大饼式"扩展；另一种是多中心的轴向扩展模式。后者才是我国大城市发展的理想结构模式。这两种发展模式各有其交通支持方式。汽车是"面交通"，它引导城市"摊大饼式"发展。轨道交通是"线交通"，可形成城市之间的大容量快速交通走廊，引导城市沿轴向发展，从而在空间上形成跨度。其空隙可布置绿地系统，极大地改善城市环境，并留有发展的可能。这种节点式布局使住宅集中布置于快速交通站点周围，局部相对密度较高，但在区域范围内密度则不大，既保证了稳定的容积率，又可以有良好的户外环境，节约了用地，城市大众利用快速交通还能便捷出行，大大节约时间。

2. 轨道交通促使经济圈内各城市产生"同城效应"

为了提高区域经济的整体竞争力，充分发挥中心城市的辐射功能和各城市间的互补功能，必须突破行政区划的羁绊，对区域内资源进行优化配置和整合。在不远的将来，大型企业可根据城市功能分工及优化配置资源的原则，把工厂或各车间分设在不同城市。有了快速、便捷的区域城际轨道交通系统，在经济发达地区的各大中城市间会产生同城效应。这种同城效应不仅有利于实现区域经济一体化，促进经济社会的协调发展和大中小城市的合理分工，而且可以大大提高人们的选择自由度，使在职人员能做到工作和居住并不在同一个城市。

3. 轨道交通可对人口进行有效疏散

城市结构改变的一个重要因素就是人口的疏散。轨道交通能及时疏散大量密集人群，大大提高沿线区域的可达性，对居民产生巨大的吸引力，诱导人们远离市中心居住，从而促进城市结构的改变。快速、便捷的轨道交通能缩短地理空间、心理空间，突破了集中式的城市空间结构，可逐渐形成空间相对分隔但交通快速联结的都市链，构成中心城市、副中心城市组成的多中心轴向发展模式。

4. 轨道交通增加城市环境容量

城市环境与交通有着极为密切的联系。城市环境恶化的重要原因在于汽车尾气排放和城市道路的噪声。轨道交通具有低耗能、低污染、安全等特点，它对于改善城市环境、增加城市环境容量有着极为重要的作用。从各种交通方式能源消耗与环境污染的比较可以看出轨道交通在能源消耗（人均二氧化碳排放）、人均噪声污染方面是最低的。不仅如此轨道交通所产生的污染相对道路交通来说比较集中，所以比较容易治理。

5. 轨道交通节约用地、促进土地开发

（1）促进土地集约化利用。

（2）促进土地开发。

6. 有利于解决大城市交通堵塞

各中心城市的对外交通有一个接口问题。例如，根据目前的高速公路规划，江苏和浙江进上海共有五十六条车道，大量的小汽车涌入大城市，容易造成道路交通拥堵。在日本周边地区进东京的公路还不到三十条车道，显然进入东京的交通方式以城际轨道交通为主。从时间上讲，日本也是先修高速铁路，后修高速公路，体现了以轨道交通为主的理念。

三、工程实例一

（一）工程概况

东莞至惠州城际轨道交通是国内首批真正意义上的城际轨道交通，从其建设环境、站间距和后期服务模式来看，相当于贯通多个城镇的地铁。但由于本线行车速度为 200 km/h，局部地段限速为 160 km/h，因此隧道断面形式等一些技术标准需根据新的设备要求及施工要求重新研究制定。东江隧道位于惠州境内，总长 15 073 m，为东莞至惠州城际轨道交通第二长的隧道，该隧道包括四座车站四个区间，其中 600 m 长的下穿东江段介于西湖站至云山西路站区间内，该区间段隧道先后下穿西湖老城区、东江、市民广场。由于周边环境复杂加上重新制定部分标准，隧道设计中要考虑埋深、工法、断面拟定，结构受力、专业要求、施工安全等因素。

下穿东江范围地形地貌为东江冲积平原区地貌，地形平坦、开阔，东江两岸地形起伏略大。地层岩性依次为：

第四系全新统冲积层：

粉砂：浅灰、灰黄色，级配差，松散，稍密，饱和。

细砂：浅灰、灰黄色，级配差，稍密，饱和，局部变为中、粗砂。

粗砂：灰黄、褐黄色，级配一般，稍密，饱和，局部变为砾砂或中砂。

砾砂：灰黄、褐黄色，级配一般，稍密，饱和，局部变为粗砂或中砂。

圆砾土（细）：灰黄、褐黄色，级配好，稍密，饱和，不均匀，含黏粒。

下第三系含砾砂岩（E）：

场地下伏基岩为下第三系含砾砂岩，泥质胶结，砂状结构，层状构造，按风化程度可分为：全风化含砾砂岩（岩芯呈土状、土夹砂砾状）、强风化含砾砂岩和弱风化含砾砂岩（岩芯呈柱状及少量碎块状）三个亚层。

（二）工法的选定

下穿水域的隧道常见的施工方法有盾构、暗挖、围堰后明挖、沉管等施工方法，受东江通航的控制围堰后明挖和沉管法施工占用航道时间过长，无法满足通航的要求，因此占

用水面的施工方法不选用。盾构法和暗挖法不受通航的限制，从地质情况上来看，只要隧道埋深合适两种工法皆适用，但东江南岸以南为大量房屋，暗挖施工至井的施工场地难以布置，东江北岸也存在一定范围的砂层，暗挖施工竖井开挖风险较大。再考虑到下穿房屋及东江水域盾构法施工对于沉降控制、人员安全、施工进度等因素。因此在西湖站至云山西路站区间全部采用盾构法施工，因场地原因盾构机从云山西路站始发，在西湖站接收，推进长度为 2 900 m，推进工期为 18 个月。

下穿水域的隧道为了运营期间防灾疏散，一般要设置逃生的通道，因此本段隧道设计成双洞单线的隧道，从环控通风的角度考虑双洞单线也较为有利，两条隧洞互为逃生通道，二者之间通过联络通道互通。

（三）衬砌内轮廓设计

隧道衬砌内轮廓的拟定主要考虑以下因素：

1. 限界要求

受曲线半径及站间距的限制，西湖站至云山西路站区间列车运行速度不超过 140 km/h，过站车不超过 160 km/h，考虑《铁路技术管理规程》（铁道部令第 29 号）中"基本建筑界限（$v \leqslant 160$ km/h）"高度 5 500 mm，同时考虑接触网安装高度要求 800 mm、盾构推进施工误差 100 mm，隧道轨面以上高度按不小于 6 400 mm 控制，隧道在曲线段加宽要结合最终隧道衬砌内轮廓来确定加宽值。

2. 专业设备空间布置的要求

隧道内需走行各专业管线、管道，在隧道线路外侧设置 2 个电缆槽走行通信、信号等弱电电缆，在隧道线路内侧布置 1 个电缆槽走行电力、动照电缆，消防、给排水管道通过支架安装固定在隧道侧壁上。线路内侧电缆槽、盖板上通长设置救援通道，救援通道宽 1 m，高 2.2 m，距离线路中心 1.8 m。

3. 空气动力学效应对隧道断面面积的要求

列车在隧道内高速运行会在车头产生压缩波及车后产生膨胀波，各种波在隧道两端和列车两端处多次反射、传递、叠加，形成了隧道内空气压力随时间变化而产生的波动，从而造成乘客耳膜的疼痛不适，因此必须采用一定的标准，保证列车在进入隧道时车厢内压力的变化不能超过一定的限度。压力变化限值的选定要受多种因素的影响，这不仅因为不同的人对压力变化的感觉不同（这种差异可以通过统计分析来处理），同时还与列车线路特征（隧线比等）、车体密封情况、车辆等级，还与乘车人员的体质等因素有一定关系。因此在制订乘客舒适性标准时，需要综合考虑各种因素，制订出适合不同车型、车辆等级、不同线路特征的舒适度标准。本线列车采用"CRH6 动车组"，且本段隧道限速为 160 km/h，经计算分析后，隧道轨面以上有效净空面积借鉴《时速 160 km 客货共线铁路单线隧道复合式衬砌（普通货物运输）》（通隧[2008]1002）要求，按不小于 42 m² 设计。

综合以上最终确定隧道内轮廓见图 3-6，衬砌内轮廓断面大小受空气动力学因素控制，在曲线段隧道不需加宽。

（四）隧道埋深确定

隧道的埋深主要由以下几个方面来确定：

1．下穿建筑物基础的深度

东江南岸下穿大量的房屋，基础形式分为桩基、条形基础、筏板基础等，同时在北岸既有一战备码头，基础形式为桩基，深 25 m，战备码头在隧道下穿建筑物中基础最深，为了避免或减少施工当中盾构隧道与建筑基础发生空间上的冲突和干扰，隧道在平面上和埋深上应尽量避开建筑基础，同时在盾构能够正常掘进的情况下尽量进入开挖沉降较小的地层。

2．地层分布情况及施工安全

本段隧道从地层分布上来看，当隧道全部躲开建筑物基础时，设计的隧道纵段在江心处覆土最浅，厚度为 15.5 m，水深为 16.5 m，在东江两岸处覆土最厚，厚度为 32.5 m。此时隧道大部分处在弱风化的含砾砂岩中，少部分拱顶处在强风化的含砾砂岩中。隧道掘进范围内含砾砂岩属泥、钙质胶结，饱和抗压强度一般不超过 30 MPa，最大为 56.6 MPa，同时含砾砂岩一般分布较为均匀，最大粒径不超过 5 cm，基本不会出现孤石、软硬不均，在该埋深下能够保证盾构的连续、安全掘进，不易出现卡机、进出土失衡的现象，对房屋的变形控制也能够有效保证。

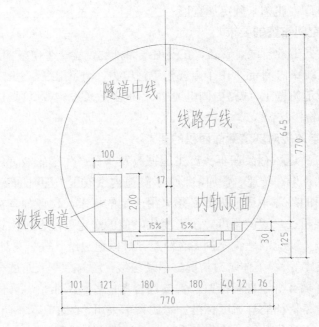

图 3-6　隧道内轮廓

水下隧道在后期运营过程中受水压作用存在上浮的现象，在不采取特殊的抗浮措施情况下，其覆土厚度加上结构自重应能抵抗浮力，抗浮安全系数不小于 1.15。作为抵抗浮力的覆土自重应只统计极限冲刷后的厚度。在隧道下穿段落的东江上游，将修建一水库，因此从水利单位收集的资料分析来看，本段隧道抗浮计算可不考虑冲刷带来的不利影响。

3. 防洪要求

水下隧道在下穿水域的起始一般要下穿江河的堤坝，在施工过程中要考虑对堤坝的破坏，因而要采取一定的措施保证施工期间的堤坝安全，后期运营中也要考虑在东江两侧堤坝外设置防淹门防止水下隧道因偶然原因破坏后，江水通过隧道突破堤坝的拦截。本段隧道在东江两端掘进时所处的地层为弱风化含砾砂岩，距离堤坝的基底超过 15 m 以上的距离，距离水底超过 20 m 以上的距离，经过水利管理部门论证后，隧道施工从防洪角度不存在安全隐患，后期运营隧道内设置了防淹门也能满足防洪要求。

（五）管片设计

1. 管片的厚度及宽度

管片的厚度应根据隧道所处地层的条件、覆土厚度、水压、断面大小、接头刚度、经济等因素综合考虑确定，并应满足衬砌构造（如手孔大小等）及拼装施工（如千斤顶作用等）的要求。一般情况下，管片的厚度为隧道直径的 5% 左右，本线管片厚度初定 400 mm。

从国内外已建中等直径盾构隧道管片宽度的选择情况来看，管片宽度有逐渐增大的趋势，加宽管片对水下隧道防水、加快施工进度、节省造价是有利的，但管片过宽，对于施工管理、后配套系统有了更高的要求。考虑国内现有施工技术水平，本线采用 1 600 mm 宽的管片。

2. 管片分块、拼装及连接

管片分块数量和大小应考虑管片预制、运器、拼装等施工因素，同时也要考虑管片衬砌结构受力情况和防水效果，分块过少，每块管片质量大弧长偏长，吊装运输及拼装不方便，分块过多，衬砌受力及防水效果较差，根据国内的施工实践，本线盾竖管片采用 7 分块：4 个标准块、2 个邻接块和 1 个封顶块。为加强结构的整体性，改善接缝的防水性能，环向管片采用错缝拼装，封顶块采用径向插入和纵向插入相结合的插入方式，管片间连接采用对截面削弱最小的斜螺栓连接。

3. 管片接触面构造形式及衬砌环组合形式

从提高接缝刚度、控制管片拼装精度考虑，本线盾构管片接触面纵缝设凸凹沟，环缝不设凸凹沟。同时在技术条件及施工水平允许的情况下，衬砌环类型越少，施工管理越方便，模具利用率越高，因此衬砌环采用通用管片进行组合。

4. 管片受力检算

盾构下穿东江段隧道所处环境为 V-D，按《混凝土结构耐久性设计规范》（GB 50476 —2008）的规定，盾构管片混凝土强度等级为 C55。选取最不利处断面进行检算，此处盾构下穿强风化地层，土压力按塌落拱高度计算，水压按全部作用于衬砌计算。计算模型采用修正惯用设计法，考虑管片接头影响，进行刚度折减后按均质圆环进行计算。水平地层抗力按三角形抗力考虑，计算结果考虑管片环间错缝拼装效应的影响进行内力调整。弯曲刚度有效率 $\eta = 0.8$，弯矩增大系数 $\xi = 0.3$，基本组合的结构重要性系数为 1.1，其他组合结构重要性系数为 1.0。

（六）盾构机的选型

在有水压的情况下，一般采用密封式盾构机，密封式又有泥水式和土压式两种。

土压式盾构主要有两类：一类是将开挖的土体充填在土舱内，用螺旋输送机调整土压，保持工作面的稳定，这种盾构机仅适用于可用切削刀开挖且含砂量小的塑性流动性软黏土。另一类是向开挖面注入水、泡沫、膨润土、CMC 等添加剂，通过强制搅拌使土砂具有良好的塑性次动性和止水性，较好地传递土压，保持开挖面的稳定和土砂的顺畅排出。这种盾构机适用范围较广，可用于冲积黏土、洪积黏土、砂质土、砂砾、卵石等土层，以及这些土层的互层。对土压式盾构，会出现砂性土排土困难，掘进机刀头、刀盘的磨损，以及在含水砂层透水系数大、孔隙水压高时土舱顶部产生空隙的危险。

泥水式盾构是将派浆送入泥水室内，在开挖面上用泥浆形成不透水的泥膜来对抗作用于开挖面的土水压力。泥水式盾构机适用的地层范围很大，从软弱砂质土层到砂砾层。泥水式盾构由于采用管道输送，工作面全密封，安全性高，在软弱互层地段也适用。通过泥浆施加合适正力，控制排土量，可使地层变形小，对环境几乎不产生影响。泥水式盾构适用于冲积洪积的砂砾、砂、亚黏土、黏土层或多水互层的土层，有涌水工作面不稳定的土层，上部有河川、湖沼、海洋等水压高、水量大的地层。泥水式盾构的泥浆处理设备设在地面，需占用较大的面积，这成为在城市密集区应用的不利因素。根据本段隧道周边施工场地情况及隧道下穿地层情况，本段隧道覆土较厚，下穿地层透水系数强风化地层为 5 m/d，弱风化地层为 1 m/d，开挖地层内水量不大，加之土压盾构比泥水盾构节省投资，占用场地面积小，环境影响小，本段隧道采用第二类土压式盾构机。在前面的分析中，隧道衬砌内轮廓直径为 7.7 m，管片厚度为 0.4 m，则隧道外直径为 8.5 m，盾构壁厚为 0.1 m，再考虑盾尾的节点，盾构机外直径确定为 8.8 m。

（七）盾构掘进中应注意的问题

本段下穿东江采用盾构法施工，所处地层为弱风化或强风化含砾砂岩，地质情况良好，围岩微裂缝少，基本为不透水层，但为了保证盾构施工在安全上万无一失，采取以下控制措施：

（1）对穿越东江地段做详尽地下勘探，彻底摸清地下障碍物，排除意外因素。在进入风险源范围前需进行试验段，根据实测监测数据调整与开挖地层相适应的掘进参数、同步注浆、二次注浆、外加剂的材料及压力。

（2）认真对盾构机刀盘、注浆系统、密封系统、推至千斤顶及监控系统等设备检查，确保穿越过程中设备无故障，进行连续施工。严禁在下穿东江时发生停机调试、开舱换刀等现象。

（3）在盾构机进入影响区之前，尽量将盾构机的姿态调整至最佳，注意不要向上抬头，严禁超量纠偏，蛇形摆动。严格控制盾构的轴线和纠偏量。

（4）严格控制提进速度，同时控制盾构姿态，确保盾构比较匀速地穿越过轨段，同时保证力盘对土体进行充分切削。加注发泡剂或水等润滑剂，减少刀盘所受扭矩，降低总推力。

（5）严格控制出土量，出土量控制在理论值的 95% 左右，保证土仓内的压力略大于外部压力，控制渗水量。

（6）严格控制注浆量，为了减少和防止裂隙漏水，在盾构挖进过程中，要尽快在脱出盾尾后的衬砌面形成的建筑空隙中充填足量的浆液材料，必要时可采取二次或多次压浆。

四、工程实例二

（一）工程概况

莞惠城际轨道交通工程某车站位于惠州市市政府对面，车站沿云山西路西南至东北向布置，设在云山西路南侧市民乐园地块内。车站为地下二层框架结构，岛式站台，车站起点里程为 DK100+885，终点里程为 DK101+122，总长 237 m，车站两端为扩大头，车站小里程端接盾构区间，大里程端接暗挖区间。该车站采用"明挖法"施工，原设计基坑宽 21.5～30.5 m，开挖深度 19.2～21.43 m，围护结构拟用由 1200@1350 钻孔桩加 ϕ 600 旋喷桩桩间止水，车站标准段共设置三道内支撑，第一道采用 600×1 200 钢筋混凝土支撑，第二、三道采用 ϕ 600，t=16 mm 钢管支撑；两端加宽段采用四道支撑，前三道均采用 600×1 200 钢筋混凝土支撑，第四道为 ϕ 600，t=16 mm 钢管支撑倒换撑。车站目前已经完成围护桩、第一道混凝土支撑、西侧约 120 m，第二、三道支撑、接地、底板及负二层侧墙防水、底板结构、负二层结构立柱以及西侧约 80 m，负二层侧墙施工。因对线路进行调整，车站结构相应调整，底板下降，基坑南扩，车站围护结构采用灌注桩、内支撑、锚索及钢倒换撑混合形式，并改造现已完成结构，根据变更设计图重新组织施工。

（二）工程地质和水文地质

1. 工程地质

根据地质资料、围护桩施工及土方开挖情况显示，区域地层垂直分布由上而下依次为：素填土层、黏土层、泥质砂岩层，岩面自西向东逐渐抬升，西端岩面埋深约 19 m，东端岩面埋深约 5 m。

（1）第四系全新统人工填土层（Q_4^{ml}）素填土：松散，稍湿，灰褐色，约含 15%角砾，主要成分为砂岩，粒径 4～10 mm，呈棱角状。

（2）第四系全新统冲洪积层（Q_4^{al}+p1）：

① 粉质黏土：浅黄夹褐红色，软塑，手搓可成条带，断面光滑，黏性较好。

② 淤泥质粉质黏土：浅灰、灰黑色，流塑，具异味，易污手及粘手。

③ 细砂：浅黄色，级配一般，主要成分为石英，约含 15%角砾，粒径 2～8 mm，呈棱角状。

（3）第四系残积层（Q_4^{el}）粉质黏土：褐红、褐黄色，硬塑，手搓可成条带，断面粗糙，黏性较好，约含 10%角砾，一般粒径 4～6 mm，主要成分为砂岩，呈棱角状。

（4）新生界下第三系（E）：

① 全风化泥质粉砂岩：褐红、棕红色，砂状结构，厚层状构造，岩芯呈土柱状，手捏成粉末。

② 强风化含砾砂岩：褐红、棕红色，砂状结构，厚层状构造，岩芯呈碎块状，局部柱状，锤击易碎。

③ 弱风化泥质粉砂岩：褐红、棕红色，砂状结构，厚层状构造，裂隙发育，岩芯呈柱状，局部由于机械破碎呈碎块状，岩质稍硬。区域无不良地质及特殊岩土，土层可挖性较好，底部砂岩需要进行爆破开挖。

2．水文地质

施工场地周边未见地表水，稳定地下水位埋深 1.70～3.10 m。

（三）方案优化

由于本车站作为盾构始发井，而该盾构区间施工是全线控制性工程，按照常规的施工方法，在车站施工完成后，再进行盾构始发，将无法满足工期要求。为此，需要对车站结构施工进行优化，即将基坑支护体系由排桩—支撑体系改为排桩—锚杆支护体系，在旧有结构凿除、锚索施工、土方开挖等工序全部或部分完成后，即可将盾构机直接在基坑底部始发，开始进行盾构区间施工。在盾构施工区间施工时，进行盾构始发区域外结构施工，盾构施工完成后，再转入盾构施工区域结构施工。通过该施工工序优化，可以大大提高车站和盾构施工进度，保证工期进度目标得以实现。

（四）主要施工方法

1．车站围护结构的各施工工序的整体安排

（1）施工准备（如技术准备、材料准备、机械设备及劳动力准备等）。

（2）进行施工场地围蔽及施工总平面布置。

（3）明确基坑范围，调查地下管线，对影响作业的管线进行迁改或保护。

（4）组织桩基施工队伍分段进行新增围护桩和基坑北侧锚索施工。

（5）根据钻孔灌注桩施工进度情况，旋喷桩、临时立柱及降水井穿插施工。

（6）设置围挡，开挖围护桩顶部分土体，按一定工序施做桩顶冠梁。

（7）基坑降水施工，开挖基坑，随挖随施工锚索，并拆除原钢支撑，至基坑底设计标高。

2．各工序施工

（1）围护桩。围护桩主要分为旋挖桩以及人工冲孔桩。其施工工序为：成孔—清孔—钢筋笼的制作以及安装—混凝土的浇筑。采用 C30 的钢筋混凝土。

（2）旋喷桩。围护排桩桩间采用高压旋喷桩止水。旋喷桩采用 42.5 级普通硅酸盐水泥，水泥浆的水灰比 1.0～1.5，双重管旋喷，高压水泥浆射流的压力宜大于 20 MPa，气流压力宜取 0.7 MPa，提升速度可取 0.1～0.25 m/min，要求加固后土体的 28 d 无侧限抗压强度 $q_u \geqslant 1.0$ MPa，渗透系数 $K \leqslant 10 \sim 6$ cm/s。

（3）冠梁、支撑梁。车站标准段第一道支撑及基坑东西两端扩大部分上部三道支撑采用钢筋混凝土支撑，基坑南扩后，按设计要求，对混凝土支撑进行接驳。钢筋混凝土支撑截面尺寸为 600 mm×1 200 mm，混凝土强度等级为 C30。混凝土支撑接驳施工工艺流程：基坑土方开挖至钢筋混凝土支撑梁底约 0.2 m（支底模）—灌注桩头破除—绑扎支撑及冠梁钢筋（与旧支撑连接部位植筋）—支立侧模板—浇筑混凝土—养护、拆模。

（4）土石方开挖。土石方开挖是采用分层开挖方法，随开挖随施工锚索。第一道混凝土支撑接驳完成后，必须在支撑强度达到设计强度75%以后方可进行其下层土方开挖；每层土石方严禁超挖，挖至设计高程后须及时进行锚索和喷护施工，并拆除钢支撑，将旧桩凿除；最后剩余的土方，可通过吊车垂直吊运至地面。

（5）桩间喷护。该工程冲孔桩中心距离 1 350 mm，桩间空隙 150 mm。这部分土体采

用挂网喷射混凝土，与冲孔桩连成一个整体，形成闭合的围护体系。挂网采用 8@150×150 钢筋网，喷射 C20 细石混凝土，填平桩间孔隙，钢筋网需与护壁钢筋焊接。

（6）锚索施工。锚索施工主要包括：围檩制作和安装—成孔—锚索制作与安放—锚索注浆—锚索张拉锁定。

① 围檩制作和安装：锚索围檩采用混凝土围檩，混凝土强度等级为 C25；由于施工误差，土方开挖后，围护桩可能出现凹凸不齐，在钢围檩安装前，应进行凿平，露出主筋，然后安装围檩底模，绑扎围檩钢筋，当钢筋绑扎完成后，在锚索位置安装 $\phi 250$ 的钢套管和预埋钢板，最后封闭侧模，浇筑混凝土，并留置试块。

② 成孔的工序：钻机就位—钻孔—插管—喷射作业—收桩—施工记录填写—冲洗。

③ 锚索制作与安放。锚索制作：按设计图纸要求，安装注浆管，注浆管出浆口距离孔底应保持 300～500 mm，注浆管与锚索采用铅丝绑扎固定。两根注浆管采用硬塑料管制作，每隔 300～500 mm 对钻两个 $\phi 6$ 孔，交错布置，开孔长度为锚固段搭接自由段 1.5 m 范围，并用单层塑料布缠缚。锚索安放：向锚索孔装索前，要核对锚索规格是否与孔号对应，确认无误后，再检查钻孔是否塌孔，不塌孔，即可着手安装锚索；若塌孔，应以高压风重新清孔再安放锚索。

④ 注浆：本工程注浆采用二次注浆，材料为纯水泥浆，水泥选用 42.5 普通硅酸盐水泥，第一次注浆水灰比为 0.45～0.50，第二次注浆水灰比为 0.45～0.55。

⑤ 张拉锁定：锚索正式张拉前，应取 0.1～0.2 设计轴向拉力值 Nt，对锚索预张拉 1～2 次，使锚索完全平直，各部位接触紧密，且要采用分级张拉。

（7）结构凿除。车站设计变更后，已完成的车站主体结构及部分围护桩需要进行凿除，旧有工程凿除与围护桩、锚索等工程施工交叉或同步进行。每层土方开挖后，及时施工对应层锚索，待锚索张拉锁定后，拆除对应层钢支撑，再凿除旧桩。根据结构凿除的部位，在保证施工安全的前提下，可以选择人工冲击钻凿除、金刚石钻孔机钻孔切割、爆破凿除。

（五）方案优化的优缺点

（1）缩短工期，节约成本，提高经济效益。车站要进行外扩，若要采用钢支撑做支护，需要等到外扩部分的土石方外运完才能支护，这将导致工期大大延长，成本提高。

通过施工优化，可以使盾构机提前约 8 个月始发，使车站和盾构得以平行施工，提高了施工进度，避免了盾构设备闲置，提高了经济效益。

（2）减小基坑换撑施工出现的危险性。由于采用钢支撑作支护，对钢支撑进行换撑施工时，因原车站内土方已开挖，换撑属于高空作业，风险较大，且施工进度缓慢。采用锚杆支护体系后，可以根据施工需要组织南北分区施工，无须考虑钢支撑对撑和换撑的问题。

（3）增加作业空间，提高工作效率。由于采用钢支撑作支护，炮机、钩机等作业会受限作业空间，灵活度不高，但采用锚索支护，会加大作业空间，提高工作效率。

（4）车站基坑暴露时间较长，基坑风险加大，锚索拉力需及时监测，当监测锚索的初始预应力值的变化大于锚索轴向拉力设计值的10%时，应重复张拉或适当卸载。

（六）结论

在车站施工过程中，各工序正常施工，并采用了锚索支护，进一步缩短工期，确保了盾构机在预期的时间内顺利下井。在深基坑的外扩施工过程中积累了多方面的施工经验，同时理解到合理安排施工工序，避免窝工，有效缩短施工工期的重要性，在施工工程中可采用另一种工序（例如用锚索支护代替钢支撑支护）进而提高经济效益，也为日后基坑外扩提供一些借鉴和参考。

第四节　武汉长江水底隧道工程盾构法施工技术

一、盾构法概述

盾构法是指用暗挖法掘进并使用装配式被覆结构构筑隧道的一种方法。用这种方法构筑隧道时，掘进作业是在盾壳的保护下进行的，盾壳的前部有刃口及切削设备，盾尾有拼装装配式管片衬砌结构的起重设备及密封件。这种方法特别适宜于在软土地层中构筑隧道，因此在构筑城市隧道或水下隧道时常用此种方法。

盾构法的特点是在隧道起点、中间点及终点的地面处，构筑出发竖井、检查竖井及终点竖井。在出发竖井、检查竖井附近都应设材料堆放场、土渣堆放场或土渣处理场。盾构掘进机是在出发竖井内组装的。组装后采用暗挖法自出发竖井沿选定的隧道轴线，用千斤顶向前推进盾构掘进机来掘进隧道的。

盾构掘进机开始向前推进阶段是把推进千斤顶顶在竖井内专设的支承台上，支承台可以使用密排工字钢桩，亦可以用钢筋混凝土构筑的支架。为减少盾构掘进机初始推进阶段的阻力，在竖井内常设有轨道用来支承盾构掘进机。为防止竖井井壁崩塌，又考虑到要便于盾构掘进机破壁向前推进，在掘进机开始向前推进位置处，竖井井壁应做成简易式便于突破的暂设井壁。当掘进机向前推进一定距离后，则应开始组装预制装配式管片衬砌。此后，盾构掘进机的推进千斤顶则顶在管片衬砌的端面上来推进盾构掘进机。

出发竖井除供组装盾构掘进机及作为开始向前掘进的出发地外，还用来提升掘进的土渣，供应管片、器材、设备以及供人员的进出。隧道长度较大时，中间应设检查竖井，以便检查维护盾构掘进机。在隧道的终点应设有终端竖井、供拆除盾构掘进机用。

为使材料运输及出渣时的运距合理，竖井间的距离不能过大，一般在 500～700 m，最多不超过 1 000 m。施工中的这些竖井亦可作为地铁工程的永久性结构物，这时竖井可以结合地铁的车站位置来考虑，并结合车站的设计与施工来统一安排。

目前盾构法在城市地下工程中主要用于构筑上、下水干道，电力、通讯电缆沟及断面较大的地铁隧道，但是也有一些著名的水下隧道，如埃及苏伊士运河的艾哈麦德·哈姆迪隧道，日本在"二次"大战后期构筑的关门海底隧道、我国黄浦江越江隧道等，都是用盾构法构筑的。下面以武汉长江隧道工程为例具体讲解水底隧道盾构法施工技术。

二、武汉长江隧道工程

（一）工程位置及用途

武汉长江隧道为湖北省重点工程，位于武汉长江一桥二桥之间。隧道江北起点为汉口大智路与铭新街的交叉口，江南终点为武昌友谊大道南侧规划中的沙湖路，作为过江公路交通的城市主干道，它的建成运营将很大程度上解决武汉市区环线内过江交通紧张问题。该工程设计为左右两条隧道，隧道为单向两车道，设计车速为 50 km/h。汉口端于胜利街设右进隧道匝道，于天津路设右出隧道匝道；武昌端隧道与友谊大道设四条匝道连接。

（二）工程范围和盾构隧道结构

工程范围包括：盾构始发井、到达井、盾构隧道、联络通道、A-F6 条匝道、管理中心大楼、路面工程及设备安装工程。工程平面示意见图 3-7。盾构隧道左右线长 2 538 m，其中北岸汉口到达井至长江边段长度约 420 m，过长江段 1 310 m，南岸武昌始发井至长江边段约 800 m。盾构隧道管片外径为 11 m，内径为 10 m，管片宽度为 2 m，管片分块形式为 6 标准块+2 邻接块+1 封顶块。工程设计有两条联络通道，第一条里程为 LK3+060（RK3+072.84），位于汉口江滩公园入口处，洞身全断面处于中密粉细砂层中，隧道埋深 18.9 m；第二条里程为 LK4+850（RK4+861.25），位于武汉工程大学职业技术学院校区篮球场内，隧道上半断面处于粉土、粉质黏土中，下半断面处于粉细砂层中，隧道埋深约 22 m。

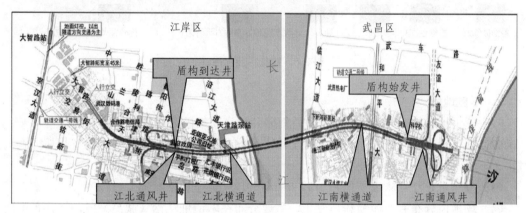

图 3-7　工程平面示意图

（三）隧道平、纵断面设计概况

盾构隧道线路的平面最小转弯半径为 800 m。盾构隧道线间距为 16～28 m。线路纵坡大致为 U 形，线路最大下坡为 4.35%，最大上坡为 4.4%，隧道覆土厚度在 6.8～43 m。线路纵断面图见图 3-8。

（四）工程地质及水文地质

1. 工程地质

隧址区长江段水下地层上部由第四系全新统新近沉积松散粉细砂，中粗砂组成，中部由第四系全新统中密密实粉细砂组成，下部基岩为志留系泥质粉砂岩夹砂岩、页岩；江南及江北两岸地层除地表有呈松散状态的人工填土外，上部由第四系全新统冲积软可塑粉质黏土，中部由第四系全新统中密密实粉细砂组成，下部基岩为志留系泥质粉砂岩夹砂岩、页岩。

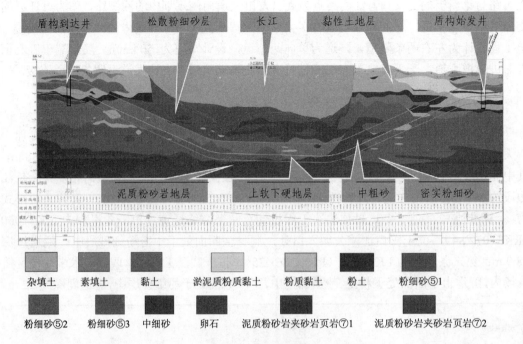

盾构到达井　　松散粉细砂层　　长江　　黏性土地层　　盾构始发井

泥质粉砂岩地层　　上软下硬地层　　中粗砂　　密实粉细砂

杂填土　　素填土　　黏土　　淤泥质粉质黏土　　粉质黏土　　粉土　　粉细砂⑤1

粉细砂⑤2　　粉细砂⑤3　　中细砂　　卵石　　泥质粉砂岩夹砂岩页岩⑦1　　泥质粉砂岩夹砂岩页岩⑦2

图 3-8　线路纵断面图

2．不良地质

（1）隧道址场地 20 m 深度内松散粉细砂和稍密粉细砂为可轻微液化土层。

（2）分布于长江两岸近地表处的人工填土层均呈松散状态，隧道明挖及竖井基坑施工时，该土层不稳定，需进行支撑。

（3）分布于长江河床表层的粉细砂和中粗砂地层，呈松散状态。

（4）场地内分布有淤泥质粉质黏土，主要分布在隧道址江南（武昌）段，其分布不连续，厚度不大，该层在隧道施工时，可能会对坑壁稳定性有一定影响。

3．水文地质

地下水主要有上层滞水、孔隙水和基岩裂隙水三种类型。上层滞水主要赋存于上部人工填土层中；孔隙水主要赋存于第四系松散层中，可分为孔隙潜水和孔隙承压水两种类型；基岩裂隙水主要赋存于下部基岩裂隙中。

（五）工程设计施工方案概述

该工程设计施工方案主要是南北岸的进出匝道（6 条）和盾构井为明挖，围护结构包括：地下连续墙、钻孔灌注桩、搅拌桩、旋喷桩、SMW 桩等，结合深井降水；盾构隧道采用 2 台全新气垫膨润土式泥水平衡盾构机由武昌向汉口方向施工，2 台盾构始发掘进时间间隔约 2 个月。

1．工程特点

（1）工程规模宏大，意义重大。武汉长江隧道是湖北省武汉市大型重点工程和重要的过江交通通道，被称为"万里长江第一隧道"，工程宏伟，投资巨大，引起国内外工程界的高度关注。

（2）施工技术涉及领域多，综合性强。工程包括长江两岸明挖基坑、暗挖隧道、过江盾构隧道、道路施工、设备采购及安装等项目，涉及富水地层深基坑开挖、大断面泥水平衡盾构掘进、大跨隧道浅埋暗挖施工、联络通道冷冻法施工等工程技术，施工技术综合性强。

（3）工程地质条件复杂、施工难度大。工程所处地层地质条件复杂，地下水位高。富水地层深基坑开挖、大断面泥水平衡盾构掘进、大跨隧道浅埋暗挖施工、软土地层联络通道施工等工程技术，设计和施工难度都很大。

（4）工程拆迁量大、施工任务重、工期紧。工程在繁华市区建设，大量既有民房设施和古建筑要拆除，如何安民、顺利拆迁是个难题。工程量大，工作面较少，进度要求高。

2．工程重难点分析

（1）工程地处繁华闹市区，环境保护和安全文明施工是工程的重点，尤其是盾构施工过程中的泥水处理。

（2）盾构工作井开挖深度大、地质条件差、地下水位高，是工程的难点。

（3）盾构机选型和设计是工程的重点和难点。隧道穿越黏土层、砂层和上部砂层下部岩石地层，地层复杂，长距离掘进砂层和岩层，对刀具磨损大，存在江中换刀风险，且长距离高水压下掘进，盾构掘进系统和密封系统的选型和设计关系到工程成败。

（4）盾构始发和到达是工程的重点。隧道进出洞段覆土浅（最小 6.8 m），隧道净间距小（仅 5.5 m），地面建筑物及管线密集，是事故多发地段。

（5）隧道下穿建筑物群尤其四次下穿长江防洪大堤，保证安全通过是工程重点。匝道明挖段以及盾构隧道在武昌和汉口端浅埋深段普遍下穿建筑物和管线，并四次下穿长江防洪大堤，风险大，需控制好地表沉降，对盾构掘进控制管理技术要求高。

（6）盾构长距离过江施工是该工程重难点。盾构掘进过江段距离长达 1 310 m，最大水压 0.57 MPa，施工难度和风险大；而且要长距离穿越中密和密实粉细砂层，并且在掘进过程中遇到近 300 m 的上软下硬地层，岩石的强度比较高，存在江中更换刀具施工的风险。

（7）联络通道施工是工程的重点和难点。工程共设计有 2 条联络通道，地质条件差，覆土较深，地下水压大，且与长江水系连通，施工难度和风险都很大。

（8）埋深大，水压高，隧道防水施工是重点，管片制作、安装质量的高低，直接关系到隧道防水质量。

（六）盾构施工技术

1．盾构始发流程（见图 3-9）

2．端头加固方案

（1）加固方案。采用三轴搅拌桩和双重管高压旋喷相结合的方式，土体加固以搅拌桩为主，高压旋喷为辅，旋喷桩加固搅拌桩与连续墙间的部分，其余段均由搅拌桩加固。

（2）加固范围。东线隧道加固长度为 13.6 m，西线隧道加固长度为 8.3 m（西线地下连续墙采用玻璃纤维筋代替钢筋），横断面加固范围为距盾构隧道外围 3 m 范围内的正方形区域，该范围为强加固区。水泥强度等级 32.5，掺量为 18%（重量比）。

（3）加固效果检查。通过垂直钻孔、洞门处水平钻孔检查加固土体的强度、均匀性和渗透性。

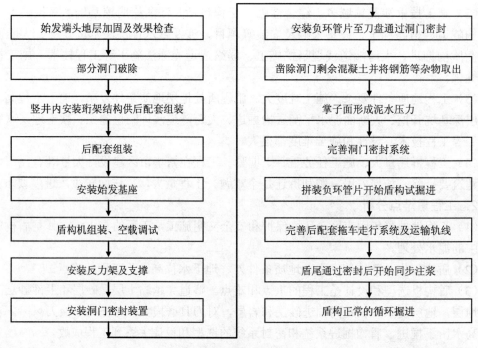

图 3-9　盾构始发流程

3．洞门凿除方案

首先，将洞门凿除至保留地连续墙外侧钢筋及保护层；其次，在盾构组装调试好可贯入掌子面后快速自上凿除剩余钢筋混凝土。

4．洞门密封结构

洞门密封装置由两道相同的密封组成，其中每道密封由帘布橡胶、扇形压板、折叶板、垫片和螺栓等组成。两道密封间隔 500 mm。其结构见图 3-10。

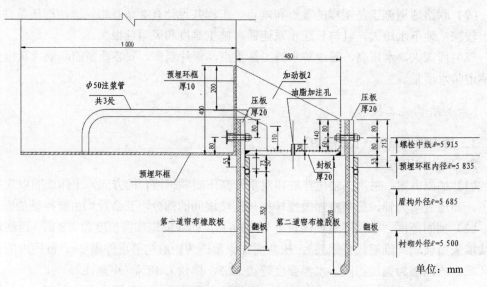

图 3-10　洞门密封结构图

5. 盾构始发几点认识

①大型盾构始发基座强度和刚度要满足要求；②端头土体加固应满足洞门凿除受力要求；③端头土体加固长度宜大于盾构壳体长度；④洞门密封结构增加油脂腔使洞门密封更有效；⑤在高承压水地层，采用降水辅助措施可降低风险。

（七）盾构掘进

1. 盾构在黏性土、浅覆盖层地段掘进施工

（1）易出现的问题。黏附刀盘，地表冒浆，地表沉降量大，管片上浮。

（2）采取措施。较低掘进速度、较高转速推进；均匀快速穿越；压力选择合适、压力波动小，减小对地层扰动；利用中部及上部4个注浆管注浆，注浆采用稠度稍高的水泥砂浆，避免上浮。

2. 盾构在砂性土地层掘进施工

（1）易出现的问题。地层不稳定易坍塌；地表沉降量大，长江深槽段易发生"冒顶"。

（2）采取措施。调整好泥浆质量，将泥浆的黏度提高，压力选择适当，设定压力高于计算水土压力 0.2 bar（1 bar=10^5 Pa），压力波动控制在±0.2 bar；控制出碴量，每环记录出碴量确定是否有超挖现象；重要地段快速穿越，如穿越建筑物和长江大堤。

3. 盾构掘进几点认识

（1）压力设定要不断摸索，通过地表沉降及时修正。

（2）压力波动范围要控制，正常情况下应控制在±0.2 bar。

（3）地面荷载偏压的情况下，压力设定值宜取超载和无荷载的中间值，若压力太大，易从薄弱面发生冒浆情况，冒浆后建筑物的沉降值会更大。

（4）重要建筑物下要快速连续通过，如下穿建筑物、铁路和大堤等。

（5）采用水泥砂浆，仅靠中部和上部注浆可有效控制管片上浮问题。

（6）不稳定地层，泥浆的指标需提高，黏性土层泥浆质量要求可降低。

（7）每环应记录出碴量，及时发现超欠挖现象。

（8）在渗透性大的地层，利用泥浆漏失量作为压力控制的依据是可行的。

（9）泥浆循环操作要平稳，避免压力出现大的波动。

（八）盾构到达

1. 盾构到达流程（见图 3-11）

2. 端头加固方案

（1）加固方案采用双重管旋喷桩进行地层加固（洞门下部地层为粉土和粉细砂层）。

（2）加固范围加固长度为 14 m，横断面加固范围为距盾构隧道外围 3 m 范围内的正方形区域。

（3）加固效果检查通过垂直钻孔、洞门处水平钻孔检查加固土体的强度、均匀性和渗透性。

3. 降水井施工

根据加固效果检查，在粉土层和粉细砂层旋喷桩加固效果不理想，而场区承压水的埋深约在地面下 8 m，高出洞门底部 10 m，为了防止盾构进洞期间，承压水击穿止水帷幕，必须将场地承压水进行有效治理。根据武汉地区近几年大量的降水成功经验，在场区内共布置 12 口降水井将承压水降到开挖面以下。

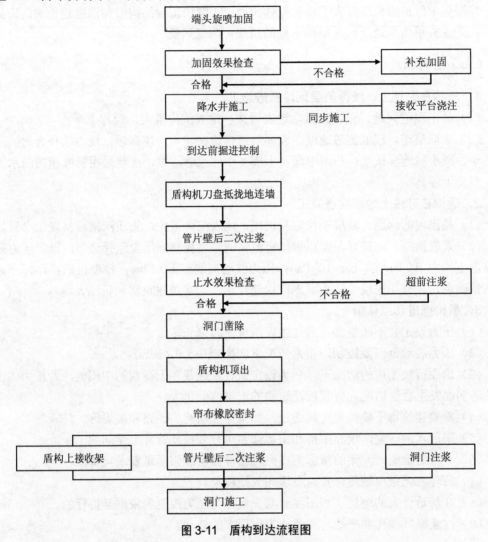

图 3-11　盾构到达流程图

4. 盾构到达掘进控制
（1）进行隧道贯通测量，控制盾构姿态，保证盾构从洞门顺利穿出。
（2）在盾构到达过程中控制油缸推力，避免将地下连续墙推裂造成漏浆和压力释放。
（3）盾构抵拢连续墙后，将气压仓压力释放，通过泥浆循环把仓内泥水降至最低。

5. 洞门凿除
当检查确认无地下水影响后开始进行洞门凿除。凿除采用人工分层自上而下方式进行。凿除洞门需快速连续进行。

6. 洞门密封
洞门密封采用扇形压板、帘布橡胶板、钢丝绳套箍方式，确保盾构在穿越洞门时同步注浆质量并防止地下水涌出。

7．盾构上接收架

（1）在盾构到达后根据盾构姿态精确调整和固定接收架。

（2）在洞门破除后，在洞门与接收架间安设导轨使盾构平稳进入接收架。

（3）在盾构顶推过程中要保持平衡，避免盾构悬空从而使接收架受力不均。

（九）盾构掘进施工遇到的问题及处理方案

1．地表冒浆

（1）产生原因。地层具有薄弱面；压力设置过高；压力波动大；对流塑性地层扰动大；误操作；黏性土、大块杂物堵管，造成压力突变冲破地层。

（2）带来的问题。环境污染；压力无法保持；造成地表沉降和坍塌；无法掘进。

（3）处理方案。压力控制稍低、波动较小情况下快速掘进穿越；地表钻孔注浆、封闭地层裂隙；地表覆盖保压（混凝土、黏土堆高）。

2．盾构小转弯半径曲线掘进管片破损

（1）产生原因。曲线半径小（800 m）；盾构壳体长度大，无铰接；管片与盾构壳体间隙小（40 mm）；管片环宽大（2 m）；盾尾由4块焊接而成，产生局部变形；管片失圆，横向直径大（3 cm），竖向直径小。

（2）带来的问题。管片拼装困难；管片错台破损；管片止水效果差。

（3）处理方案。对盾尾突出部分进行打磨（主要是45b角盾尾焊接部位）；盾构掘进过程中确定每米纠偏量；管片拼装点位选取正确；管片拼装过程中将管片往所转方向环面人为错台3 mm左右；管片拼装后将螺栓复紧，减少管片变形；破损的管片根据情况采用环氧砂浆进行修补。

3．浅覆土地层建筑物和管线保护困难

（1）产生原因。地层软弱、触变性强、承载力低，淤泥质粉质黏土层厚度大，且地下水丰富；隧道顶在建筑物密集段覆土浅，一般在7～15 m；建筑物荷载不同、结构差，且处在沉降槽范围内易发生不均匀沉降。

（2）带来的问题。泥浆压力设定困难，稍有不慎就会引起沉降和隆起；沉降控制难度大，建筑物易开裂，管线易破损；建筑物多为居民房，出现裂缝后若处理不好对盾构正常施工造成影响。

（3）处理方案。泥水压力设定是关键，在不同埋深和不同地层要精确计算掌子面压力，地面超载也需考虑在内，黏性土层采用水土合算，砂性土层采用水土分算；掘进操作精细，避免泥浆压力发生突变，增大对地层的扰动；同步注浆材料要配比合理，注浆料要有一定稠度、不易离析、可泵送性强，注浆量要保证不低于理论的1.5倍，必要时采用水泥——水玻璃进行二次注浆；盾构通过建筑物时要加强监测和现场巡视，及时反馈沉降信息指导掘进操作，地面巡视可及时发现问题解决突发情况；对重要建筑物提前进行加固，并在施工过程根据监测情况进行跟踪注浆；对重要管线（煤气管、电信、电力和有压管）建立应急预案，与管线管理单位事先做好沟通，关键时刻能够及时切断管线，避免更大损失。

4．浅覆土地层带压潜水取出泥浆门滑槽

在盾构始发25 m后（处于4层建筑物下方）发现泥浆门油缸断裂，必须处理才能掘进。

（1）产生原因。由于泥浆门油缸支座偏心，多次开关泥浆门后造成油缸端部断裂。

（2）带来的问题。泥浆门无法提升完全造成泥浆循环不畅、压力不易控制；若泥浆门滑槽脱落会带来不可预测的后果，从而导致盾构无法掘进。

（3）处理方案。由于覆土仅 7 m，且泥浆门处于盾构泥水仓底部，如果直接采用气压支撑掌子面，气压将达到 1.5 bar（正常情况，顶部泥水压力仅为 0.8 bar）才可能保证地层稳定，但高气压有可能会击穿地层，造成突然泄压而引起严重后果，所以在气压条件下采用潜水的方式将泥浆门滑槽取出，使盾构能继续掘进。具体方案为利用黏土淤积在泥水仓将泥浆门处接缝封闭，将气压仓压力变为常压，然后将偏心泥浆门油缸支座重新定位焊接，并更换断裂油缸；重新将气压仓压力建立，提升泥浆门；将泥水仓顶部与气压仓连通，保持液位在人员仓下 50 cm；带压人员通过高压仓进入泥水仓，然后潜水到盾构底部将损坏的泥浆门滑槽取出；将泥水仓顶部压缩空气排出将泥水仓重新建立泥水压力，恢复掘进。

5. 过江前刀具检查

（1）产生原因。为了保证盾构一次过江，需要在盾构过江前对刀盘刀具进行一次彻底检查，主要检查滚刀的偏磨和切刀的磨损情况，同时对磨损的刀具进行更换。

（2）带来的问题。需要在不稳定砂层进行检查，如何保证地层稳定至关重要；需要在高压下进仓检查。

（3）处理方案。在停机前将泥水仓内泥浆充分循环，使其比重降低；采用高分子聚合物材料制浆，浆液黏度达到 80～100 Pa·s，然后利用专用罐车运输到掌子面由注浆泵通过泥浆管注入刀盘仓，注入过程中将刀盘转动保证掌子面形成质量较高的泥膜；将泥水仓顶部与气压仓联通，保持液位为 50%；带压人员通过高压仓进入泥水仓，在检查掌子面稳定的情况下依次检查刀盘和刀具并进行记录。在检查过程中严禁旋转刀盘。刀盘检查分 2 次检查，第 2 次将刀盘旋转 180 度后进行检查。为了保证安全，在第 2 次检查前必须重新进行泥膜形成。

（十）结语

武汉长江隧道工程两台盾构先后在浅覆土层下穿密集建筑物群、武大铁路、4 次安全穿越长江防洪大堤、穿越武昌深槽和上软下硬地层，完成过江段 1 300 m 掘进，盾构经受了黏性土、砂性土和局部破碎岩层的考验。单台盾构最高日进度为 18 m，最高月进度为 340 m。虽然前期进展不理想，但通过前期的工作，进一步对盾构施工特别是泥水盾构施工增加了认识，取得了一些宝贵的经验，为类似工程提供借鉴。

第五节　电力隧道设计、结构特点、施工技术

一、引言

上海是现代化的国际大都市，是我国最大的工业基地和商业外贸中心，也是我国重要的文化科技中心之一。尤其是上海申办世博会成功后，城市发展速度更是日新月异，愈来愈受到世界瞩目。自 2001 年上海市颁布《上海市城市道路架空管线管理办法》后，电力

电缆的入地建设也随之提上议事日程,作为城市主要能源的电力电网规划,高起点、高标准、高质量,与城市总体规划相协调是上海市电力电网规划面临的新课题。

二、隧道设计

(一)项目背景

新江湾城地处江湾五角场北部,东邻中原住宅小区。新江湾城地区将开发建设成为21世纪上海中心城的花园城区,在充分利用周边设施的基础上,为地区功能发展提供拓展空间,并提升北部地区的环境与景观形象。整个城区规划用地面积10.42 km,规划总人口约10万人。随着新江湾城的开发,该地区的用电负荷持续增长。为缓解该地区的用电紧张状况,上海市电力公司已在新江湾地区内建设220 kV新江湾城变电站一座。为配合该变电站220 kV电缆进线敷设,并为该地区待建的220 kV政立变电站、500 kV虹杨变电站的进出线预留敷设通道。随着城市供电量的不断增长,供电要求不断提高,各电压等级的主变压器容量亦在不断提高,电缆的输送容量亦需不断提升,而传统的电缆敷设方式在一定程度上阻碍了电缆输送容量的提高,一回1×800 km,220 kV交联电缆在空气中的最大输送容量约为460 MVA,一回3×400 km,35 kV交联电缆在空气中的最大输送容量约为36 MVA,如将它们敷设在一排管内,当该排管内敷满16根220 kV、35 kV电力电缆时,由于地下散热条件较差,当1×800 km的220 kV交联电缆输送容量达240 MVA时,则3 回$\times 400$ km。35 kV电缆的输送容量仅为13 MVA至15 MVA之间,远未达到要求的20 MVA输送容量,当电缆敷设于有良好通风设施的隧道内时,上述问题将迎刃而解。受上海市电力公司委托,上海市城市建设设计研究院和上海电力设计院有限公司联合设计江湾城地区电力专用隧道。新江湾城电力隧道全长约2.7 km。本期工程将结合江湾城变电站220 kV电源进线建设,在江湾城路、殷行路先行建设电力隧道。

(二)电力隧道路径走向

江湾城电力隧道由闸北电厂新扩建的厂内220 kV电缆隧道起,南下穿过军工路,沿军工路南侧向西到新江湾城路,再沿新江湾城路东侧向南到殷行路,再沿殷行路南侧向东至新江湾站。

江湾城地区为新开发区,地区内道路尚处在设计、规划或施工阶段,经与市规划部门,江湾城地区开发管理部门协商,已在区内主要路段争取到建设电缆隧道的管位。电力隧道在军工路段管位为路南绿化带南边线内,在江湾城路段管位为路东人行道下,殷行路段管位为路南绿化带中。

(三)电力隧道结构设计方案

1. 材料

混凝土:强度等级为C25(除注明外),抗渗等级为S6或S8,素混凝土垫层为C15;

钢筋:HPB235,HRB335,HRB400;

MU10普通黏土机制砖,M10水泥砂浆砌筑;

钢材:Q235。

2. 设计原则

（1）结构设计遵循有关的设计规范和规程，根据构筑物使用要求和受力特点，选择合理的结构形式和计算方法。

（2）结构设计应满足电缆设计要求，遵循结构安全可靠、经济合理、技术先进、坚固耐久、施工简便为原则进行。

（3）结构设计应根据构筑物所处位置的工程地质、水文地质条件、周边环境条件及构筑物的大小、埋深，本着安全、经济、方便施工的原则选择适当的结构形式和施工方法。

（4）电力隧道的设计使用年限为一百年，结构安全等级为一级，重要性系数为 1.1；混凝土结构的耐久性满足二类环境类别，地下工程防水等级为二级。

（5）本工程所处的建筑场地均为Ⅳ类场地，构筑物抗震设防烈度为 7 度，设计基本地震加速度值为 0.10 g，地震动反应谱特征周期为 0.9，构筑类别为丙类，抗震等级为三级。

（6）沉井不计侧壁摩阻力的抗浮安全系数 $K_f \geqslant 1.05$。

（7）矩形箱涵抗浮稳定抗力系数 ≥1.10。钢筋混凝土构筑物的最大裂缝宽度限值：根据构筑物的部位和环境条件 α_{max} 取 0.20～0.25 mm。

（8）设计地下水位：最高水位按地面下 0.5 m 计，最低水位按测量资料的最低水位计。

（9）为减少大面积构筑物因混凝土收缩、温度应力等引起混凝土开裂，结构按变形条件设置伸缩缝和诱导缝。

（10）混凝土配比采取必要的抗裂防水措施，防止因此而产生的渗漏水。

3. 设计荷载

（1）钢筋混凝土自重荷载按重度 25 kN/m 计算。

（2）土体自重荷载按重度 18 kN/m 计算。

（3）地下水自重荷载按重度 10 kN/m 计算。

（4）地面堆积荷载一般按 10 kN/m 计算。

（5）砂性土采用水土分算，黏性土按水土合算计算。

（6）电缆工井操作平台及楼面荷载按 2.5 kN/m 计算，当安装检修荷载大于 2.5 kN/m 时，取大值。

（四）荷载组合

按照结构实际受力过程，按施工阶段、使用阶段最不利荷载组合。

（五）计算、验算内容

（1）结构构件根据承载力极限状态和正常使用极限状态的要求，分别进行承载力、稳定、变形、抗裂及裂缝宽度等方面的计算和验算。

（2）构筑物的围护结构设计应根据拟建场地的工程地质、水文地质条件、周围环境条件，选择合适的围护结构形式。确定围护结构入土深度时，应考虑墙体抗滑动、抗倾覆、整体稳定性、基底土体的抗隆起、抗管涌等条件。支撑体系应验算承载力、变形、稳定性。

（六）隧道结构形式和主要节点处理

（1）由于军工路是城市主干道，交通繁忙，地下管线较多，在军工路南侧有 10 m 宽的铁路，所以电力隧道穿越军工路时，采用顶管法施工，管径为ϕ2 700 mm，顶距约 109 m。1 号顶管接收井设置在闸北电厂 3 号门内，与闸北电厂 220 kV 电力隧道箱涵相接。顶管接收井平面尺寸 9.5 m×11.5 m，采用 SMW 工法围护，现浇钢筋混凝土结构。2 号顶管工作井设置在军工路南侧绿化带内，顶管工作井平面尺寸 11.5 m×12.5 m，采用钢筋混凝土沉井法施工。

（2）由于地下管线较多，穿越殷行路段，采用顶管法施工，顶管直径ϕ2 700 mm，钢筋混凝土管长度 74 m。3 号顶管工作井设置在新江湾城路东侧，顶管工作井平面尺寸 6 m×12 m，采用钢筋混凝土沉井法施工。4 号顶管接收井设置在殷行路南侧绿化带内，顶管接收井平面尺寸 11.5 m×12.5 m，采用钢筋混凝土沉井法施工。顶管工作井、顶管接收井的平面尺寸和深度不仅要满足顶管工程施工的需要，还要满足电力电缆敷设及使用需要。施工阶段的顶管工作井和顶管接收井，在使用阶段时满足电力电缆工井的使用功能。

（3）军工路、新江湾城路、殷行路段采用明挖法施工，电力隧道的断面为 2.4 m×2.7 m，长 2 517 m。

（4）电力隧道新江湾城路的轴线走向与新江湾城路相同，需穿越 2 条规划河道，殷行路段沿线也有一条规划河道，电力隧道顶板离规划河床底 1 m 厚，埋深大于 8 m，穿越该河道段的隧道坡度较大，底板面设置了楼梯踏步，便于检修人员的行走。施工采用 SMW 工法围护，现浇钢筋混凝土结构，其余电力隧道纵坡除了考虑避让地下管线外，也需满足排水的纵坡要求。一般区段的电力隧道管顶覆土厚 1～2 m，开挖深度约 6 m。由于施工场地环境较好，围护采用钢板桩形式。

（5）电力隧道长 2 700 m，隧道内放置 10 回路 220 kV 电力电缆，考虑到电缆发热影响，电力输送和人进入电力隧道的需要，电力隧道在 1 号顶管接收井、2 号顶管工作井、3 号顶管工作井、新江湾城路段等 3 条规划河道一侧道路绿化带内设置 6 个通风井，3 号顶管工作井的风井一侧设置控制室。

（6）通风井和电器控制室为全地下室，地面只露出面积约为 9 m。通风口，高不大于 2 m。通风口顶棚设置可开启式，在满足通风面积的前提下，尽量减小通风口体积，经过建筑专门设计使通风口既美观又和周围环境相协调。

（7）电力隧道每隔 250 m 左右为电力电缆接头区，尺寸为 3.2 m×2.7 m，长 14 m。在电力电缆接头区设置入孔。

（8）电力隧道在 2 号、3 号、4 号电缆工井为将来电力隧道电力电缆敷设预留接口。在新江湾城路段、殷行路上新江湾城路变电站排管预留接口。

（9）为了敷设电缆需要，在电力隧道内每隔 1 m 左右预埋钢板。

（10）在电力隧道 2 号、3 号顶管工作井和最低点设置排水井。

（11）电力隧道除顶管段外，结构分段不大于 25 m，段与段间设置伸缩缝一道，缝宽 10 mm，内设埋入式橡胶止水带，缝间设置剪力筋。

（七）结构施工

沉井法

沉井法是一种成熟的施工方法，先在地面上预制好沉井结构，待混凝土达到强度后，利用沉井本身自重，克服井壁与土层之间的摩阻力不断下沉，直到沉到设计标高并封底。

2 号、3 号、4 号顶管工作井、接收井埋深较浅，采用排水下沉。沉井设框架与井壁、顶板、底板共同组成受力体系。

1 号顶管接收井位于闸北电厂内，10 ITI 内有对地基变形要求很高的重要建筑物，如采用井点降水施工，对周围环境影响较大，改用 SMW 工法加内支撑系统施工。SMW 工法加内支撑系统是水泥土搅拌桩内插 H 型钢的劲性桩围护结构，其优点是兼支承挡土结构与防水抗渗结构于一体，既解决了基坑工程中的侧向水土压力的支承问题，同时又解决了上海地区高地下水基坑工程的防渗水问题。本工法优点在于施工工艺成熟、施工进度较快，围护结构施工时对周边环境影响较小。

（八）顶管施工

（1）顶管。顶管法是一种成熟的施工方法，对周围环境影响小，施工速度快，质量好。本工程采用顶管法施工，其内净尺寸应根据设备布置、工艺设计等要求，管节设计应能满足运营、施工、防水、排水等要求，其结构应具有足够的强度和耐久性，以满足使用期安全可靠、先进合理的需要。因此，采用内径 ϕ 2 700 mm 钢筋混凝土管节，厚 270 mm，分多段施工。混凝土强度等级为 C50，抗渗等级为 S10。标准管节长 2.5 m。顶管采用 F 钢承插管，内设楔型橡胶止水圈。其材质为氯丁橡胶。当接口插入时，采用高强黏接剂黏于无钢套环管节端头基面上的橡胶止水阀受到钢套环的挤压，与钢套环紧密相贴，起到防水、止水的作用（其中止水阀设计正确的压缩比是技术关键）。考虑到钢套环节与管节混凝土温差收缩不一致，两者之间可能存在渗水通道。在与混凝土相接触的钢套环面上设置一遇水膨胀橡胶条或注射膨胀型单组分聚氨酯密封胶于钢套环基面，并在钢套环管节端头预留一沟槽，灌注低模量聚氨酯密封胶，通过上述两条措施达到钢套环与混凝土间防水目的。整条顶管隧道施工完毕后，在管节之间设置的衬垫板底部预留沟槽内嵌填聚氨酯密封胶，与管节接头处形成一封闭的防水密封圈。

（2）顶管工具管的选择。由于顶管下穿军工路铁路时对变形要求较高，再加上顶管管位处于③2、④1 层土体，该两层土土性差异较大，为防止因流砂和坍方引起大面积的地表变形，导致周围管线和建筑物破坏，选择平衡性能较好的顶管工具管。

（3）顶管的注浆。注浆分为机头注浆和管道补浆两部分。注浆在顶管过程中是一个非常重要的环节，注浆的好坏，将直接影响到对周围土体的扰动程度及地表沉降，所以在顶管过程中应及时压浆。在顶管后期应用迟凝性泥浆置换触变泥浆，以减小地面沉降。

（4）顶管军工路穿越铁路的施工措施。由于铁路轨道对隆陷要求较高，在穿越铁路顶管时，必须对路轨、地基分别布监测点，控制顶管正面压力、推进顶力、推进速度、出土量和及时压浆，从而控制顶管开挖面前的拱起和尾部的下沉速度和下沉量（上拱量<1 cm，上拱速率 d =0.5 mm/h，下沉量<3 cm，下沉速率<1.0 mm/h）。对穿越铁路的管节进行调整，该段管节采用外包钢板或内衬钢板，增加整体抗弯刚度。

（5）通风系统在正常工况下能排除隧道内电缆运行时的热量，保证电缆正常运行，为人员的巡视、维护提供安全的环境；在事故工况下，能控制烟雾和热量的扩散，有利于人员疏散和消防灭火。

（九）电力隧道通风方式

在对半横向式、射流风机诱导式以及集中送排式通风方案进行比选后，集中送排风的纵向通风方式，因其对电力隧道主体的工程规模影响较小，通风工作井的选址较灵活，设备便于集中管理维护，通风效果可靠安全等优点，被本工程采用。本工程通风段长约 2 640 m，沿线结合顶管工作井、道路绿化带、河边绿地等依次设置 Z、A、B、C、D、E 共六处通风井，将隧道划分为五个通风区段，其中 BC 段最长，约 790 m。Z、B、D 井为送风井，A、C、E 井为排风井，通风区段间设置隔断门，便于有效控制气流。区段内，利用两端相应风井组织集中送排风，电力隧道预留有 10 回路电缆的敷设空间，建成后初期仅敷设 2 回路电缆，预计近期可能增设的电缆不超过 2 回路。因此，直接按 10 回路电缆的发热量选用设备显得不够经济合理。而且根据已投入运营的电缆隧道实际情况，并经与电缆工艺专业协商，各通风区间的通风量，按 6 次/h 换气次数确定，同时对其排热能力进行计算校核。通风机房的布置，为远期更换大风量设备预留安装空间。其中，电力隧道的排热能力主要由通过机械通风的排热量以及隧道围护结构的散热量两部分组成。通风排热量按上海地区夏季室外通风温度 32℃，电力隧道内向通风。

（十）通风量计算

电力隧道预留有 10 回路电缆的敷设空间，建成后初期仅敷设 2 回路电缆，预计近期可能增设的电缆不超过 2 回路。因此，直接按 10 回路电缆的发热量选用设备显得不够经济合理。而且根据已投入运营的电缆隧道实际情况，并经与电缆工艺专业协商，各通风区间的通风量，按 6 次/h 换气次数确定，同时对其排热能力进行计算校核。通风机房的布置，为远期更换大风量设备预留安装空间。其中，电力隧道的排热能力主要由通过机械通风的排热量以及隧道围护结构的散热量两部分组成。通风排热量按上海地区夏季室外通风温度 32℃，电力隧道内设计温度 40℃进行计算。

（十一）设备选用和节能控制

考虑到城市用电量的波动较大，应根据隧道内实际温度等情况，灵活控制通风设备的运行，以达到节能的目的。本工程每通风区间设置混流式送、排风机各 2 台。隧道内气温高于 40℃时，通风机开启，待排风井内气温低于 35℃后关闭。

（十二）照明及供配电系统

1. 照明系统

照明系统提供电缆隧道内巡检、维护和电缆敷设施工的基本照明。一般区段的照度标准为 15 Lx，工井电缆接头区、配电箱和设备控制箱处局部照度标准提高为 100 Lx。电力隧道照明均采用防潮荧光灯，控制开关设在区段连接处和人员出入口。照明供电采用相邻供电点自切的方式，提高照明供电可靠性。

2. 供配电系统

电缆隧道内主要用电设备包括通风、排水、照明和监控系统，均按二级负荷考虑。

（1）供电系统。电缆隧道采用集中供电方案，全线设 1 座地下 10 kV 开关站，由 2 路

10 kV 电源向隧道内供电。隧道内风机、水泵等负荷集中处设小型封闭式变压器，提供各种设备用电。隧道内间隔 100 m 左右设置三相动力插座，便于沟内设备安装和工程施工。

（2）保安措施。电缆隧道利用结构钢筋作为自然接地体，隧道内壁设有法拉第笼式内部接地系统，将各段隧道主钢筋相互连接。另外，电缆支架相互连接并与隧道内接地系统构成等地位。

（3）监控系统。为了保障电力隧道安全可靠地运行，并满足隧道内施工和巡检的要求，实现运行和管理的自动化，隧道内设置了通信、监视和控制系统，主要包括通风、排水、照明、供配电设备的监视和控制，隧道内温度监测、电话通信、防盗报警等。

（十三）集中控制站

在电力隧道 3 号工作井处设置集中控制站。集控站用于集中监控电力隧道的运行，具有远程数据采集、远程设备监视和控制的功能。

（十四）远程控制单元

远程控制单元以 PLC 控制器为核心，实现电力隧道内设备的就地控制。远程控制单元和集控站利用通信系统提供的通道相互连接。

（十五）设备控制

系统采集变电站设备的主要参数、状态和报警信号，对终端设备如风机、排水泵、照明设备进行监视控制，为自动化管理创造条件。

（1）照明控制。隧道内每 100 m 作为一个照明控制单位。照明系统的运行状态上传至集控站。集控站可以远程控制某段区域的照明。

（2）通风控制。PLC 区域控制器能根据隧道内的温度自动调节通风设备，集控站也可以远程控制每一台风机或阀门的运行。平时根据隧道内温度或运行时间表调节风机开启的台数；当出现火灾时，通风系统控制进入事故工况。

（3）排水控制。集水井内设浮球开关，根据水位自动控制水泵运行。水泵的运行状态上传至集控站。

（4）温度监测。电力隧道内每 80 m 设一处温度监测点，严密监视电力隧道的运行温度，防止事故发生。

（5）电力监控。为保障隧道内设备的供电集控站监视沿线变电所的运行状态和能耗，监视各配电箱内主要开关的状态。

（6）防盗和门禁。电力隧道内平时无人值守，为防止电缆和设备遭人为破坏，设置了必要的防卫装置。在门或盖板上等人员出入部位设置门磁开关，工井内设置被动式红外探测器。

（十六）通信系统

电力隧道内建立百兆级自愈光纤以太网，作为数据的传输通道。隧道内每 50 m 设一个电话插座，供施工作业面接入临时电话，每座工井、通风井内设一部电话机，总机设在集控站。

三、结构特点

我国电力隧道的建设起步相对较晚，电力隧道的设计、施工、运营养护等均主要借鉴地铁、公路隧道等的经验。但由于电力隧道用于电力传输的特殊功能要求，使电力隧道结构有其相应的特点，随着电力隧道的逐年增多，需要结合电力隧道自身的特殊性，对其结构特点进行全面认识。

1. 对水敏感

电力电缆及其他电力设施对水非常敏感，尽管高压电缆本体已采取了多道防水措施，如电缆中采用绝缘油和橡胶绝缘材料，铜芯外裹绝缘层等。但是若可以利用电力隧道结构，形成封闭无水环境，则可以提高电缆运行的安全性。在《地下工程防水技术规范》（GB 50108—2008）中，电力隧道的防水设防等级仅为三级防水，即可以有少量漏水点，不得有线流和漏泥砂。但在上海电力隧道的实际运营中，出现过隧道内附属电力设备被水淹没损坏的事故，严重影响了城市电网的安全运营，因此应针对性地调整提高电力隧道的防水设防等级，在设计及施工中做好防水、排水措施。

2. 电缆敷设对隧道曲率与高差有特殊要求

《电力工程电缆设计规范》（GB 502717—2007）规定，电缆敷设应符合电缆、电缆绝缘及其构造特性对于敷设曲率半径的要求，因此应先控制电力隧道环境的曲率半径。高压电缆通常采用内部充油的方式来保证电缆绝缘，若隧道高差过大，会导致油压过大，电缆保护层爆裂，因此要求控制电力隧道的高差。

3. 结构形式与截面形式多样

电力隧道按结构形式分为：明挖法、顶管法、盾构法隧道三种；按截面形式分为矩形和圆形隧道两种。明挖法隧道一般为矩形，空间比较小，内高一般约为 2 m；顶管法隧道为圆形截面，隧道外径一般约为 3 m；盾构法隧道为圆形截面，隧道外径为 4～6.2 m。盾构法电力隧道由于修建时间跨度大，20 世纪 90 年代以前修建的电力隧道，普遍为双层衬砌，隧道内无中隔板；新建的盾构法电力隧道，普遍为单层衬砌，并且结构中设置中隔板。上海地区运营的电力隧道中，三种结构形式的隧道都有采用。

4. 周边环境复杂

电力隧道的建设环境一般位于城市的主干道及中心区，因周边开发强度大，使电力隧道在运营期会受到近距离施工扰动。电力隧道周边较常见的近距离施工包括隧道周边基坑开挖工程、隧道近距离穿越工程、隧道上方打桩工程、隧道上方大面积堆载等。因此，减少和控制周边环境变化及近距离施工对已建电力隧道的影响，是保障电力隧道安全的重点。

5. 所受荷载小而且形式简单

电力隧道为敷设电缆提供空间，在其正常运营时，其内部的主要活动为人员的巡查和检修，因此其运营荷载很小，且属于静荷载。

6. 从隧道向外连出的排管线路比较多

高压电缆从电力隧道向外连出，通常是采用与小断面排管相连的形式。因排管截面尺寸小，其结构刚度相对电力隧道比较小。因此在电力隧道与电力排管相连的接头位置，因结构刚度发生突变，使此位置容易产生沉降差而形成裂纹，成为电力隧道渗漏水的常见位置。

7. 附属设施多，空间相对较小

电力隧道内部的附属设施很多，如上海的复兴路越江电力隧道，有内部照明、通风、排水等设施；北京奥运中心区电力隧道内设有照明、机械通风、自动排水、摄像监控、光纤测温与火灾报警、井盖监控等系统。电力隧道内部附属设施多，内部的空间相对较小，在高压电缆敷设以及附属设施安装后，其内部的空间一般仅可以满足检修人员的通行要求[1, 2]。

8. 电力隧道内电缆存在爆炸风险

电力隧道内敷设的高压电缆，存在爆炸风险，高压电缆爆炸将产生巨大的冲击荷载。电缆爆炸通常还会引起电缆火灾等次生灾害。2009 年 10 月，郑州市 10 kV 地下电缆发生爆炸，导致上方地面产生 3 m² 的塌陷。上海电力隧道内敷设的电缆常见为 110 kV、220 kV，甚至 500 kV 的高压电缆，其爆炸冲击力将非常巨大。

四、上海西藏路电力隧道工程施工技术

（一）工程概况

1. 工程规模及总体布置

西藏南路电力隧道工程南起西藏路—复兴中路，沿西藏南路向北，穿越苏州河，延伸至西藏中路新疆路，全长约 3.033 km，共设各类工作井 7 座。隧道全线共 15 段平曲线，9 段竖曲线。最小平曲线半径为 300 m，最大平曲线半径为 600 m，最大纵坡为 33°，最小纵坡为 3°，多个区间呈双 S 型曲线。整个隧道的轴线呈复杂的三维空间立体曲线，曲线总长约 1 225.1 m，占全线总长约 40.4%。隧道施工工艺采用顶管工艺，采用 52 700 mm F 型钢筋混凝土管。隧道最大埋深 21.5 m，最小埋深为 10 m，高度起伏较大。

2. 工程地质状况

该拟建场地位于长江三角洲入海口东南前缘，属三角洲冲积平原，地貌形态单一，属于上海地区四大地貌单元中的滨海平原类型。浅部土层中的地下水属于潜水类型，其水位动态变化主要受控于大气降水和地面蒸发，潜水位年平均离地面下 0.5～0.7 m。承压水分布于第⑦1、⑦2 层中，其水头约为 4.0～2.0 m。该建筑场地属于Ⅳ类场地，抗震设防裂烈度为 6 度，经勘探表明在深度 0～20.00 m 范围内无独立成层饱和砂质粉土或粉砂分布，故在设防地震烈度七度并近震影响时，不考虑地基土的液化问题。隧道主要穿越地层为：③灰色淤泥质粉质黏土，C= 14.4 kPa，5 = 13.0b；④灰色淤泥质黏土，C =14.0 kPa，5 = 10.5b；⑤1-2 灰色粉质黏土，C= 15.7 kPa，5= 11.5b。

（二）工程施工技术

该工程顶管全部是三维小曲率半径顶管，其设计轴线是迄今为止难度最大的顶管工程。隧道将穿越苏州河，穿越复杂地下管线和需保护的建筑物密集区，尤其是穿越地铁人行通道和运行中的地铁 2 号线，对地表变形要求很高。因此，该顶管工程特点主要有以下几点：

（1）三维复合小曲率半径、轴线变化较大。

（2）穿越复杂地下管线、地铁等，对地表变形要求高。

（3）工期紧；现场施工条件限制多，文明施工要求高。

（三）轴线控制

由于该顶管工程是三维小曲率半径顶管工程，顶进过程中的测量难度很大，因此，采用顶管自动测量系统。该系统可以自动跟踪目标靶，每隔 3～4 min 刷新一次测量成果。顶管操作人员可以在电脑显示器上随时掌握机头姿态，指导纠偏。该系统还能预测机头偏差发展趋势，使操作人员的纠偏更加可靠。该工程轴线控制的顺序是先测量，后纠偏。首先是测量成果要及时、准确，不得有误。其次是纠偏，在机头设计制造时，就考虑了一整套完整的纠偏系统，能满足工程的特定要求。同时，要制定出一旦出现对轴线失控的迹象时，有预先准备的应急措施。在顶进过程中，全程记录每个管接缝的缝隙，用以指导纠偏。

（四）顶力控制

由于该工程的最小曲率半径为 300 m，管节长度 $L = 2$ m，相邻管节之间的转角为 0.38b，转角产生的单侧空隙大，致使管节端部受力面大为减小。顶管使管节单侧受力产生局部应力集中，并使管节结构受力由压缩转化为拉伸状态，受力条件恶化。上述情况如不加控制很可能会使管节顶碎，工程无法继续进行下去。因此，该工程采取了一定的技术措施加以改善。

（1）将管节间的木衬垫改为 30 mm 厚的松木板，通过相对厚而软的材料来补偿端面的受力情况，增加受力面积，缓冲受力状态。

（2）在顶进过程中，根据几何计算结果，在曲线外弧的缝隙中塞木片，进一步补偿端面受力面积。

（3）当曲线发生反弯时，及时调整木垫的位置与厚度。

（4）修正设计曲线。在进入曲线段之前，先有一段过渡曲线，使曲线比较平缓。由于曲线引起的水平分力，必然使顶进阻力增加。因此，建立泥浆套是减少顶进阻力的关键。通过顶进推力的计算，正确设立中间的数量和间距也是顶力控制的关键。

（五）泥浆系统

泥浆具有良好的触变性能、物理和化学稳定性。泥浆能在管节外壁的土层中形成吸附聚积泥膜，然后在泥膜与管节外壁之间形成完整泥浆套。泥浆套主要控制指标为适当的黏度、静剪切力和动剪切力。构成泥浆套的膨润土具有广泛的适应性，只要配比得当和保证足够的稳定厚度，便能在软黏土、一般性黏土、粉砂和细砂、砂砾甚至卵砾石中起支撑、润滑、防喷涌的作用，并能对顶管管节起悬浮作用。针对该工程顶管施工的技术要求，对泥浆中的主要成分膨润土进行测试，通过测试比较，高阳产的膨润土性能较好。

为了在管节外壁形成完整的触变性能良好的泥浆套，该工程采用高剪切泵进行快速搅拌 30 min，无须进行水化反应，其性能能满足工程的要求。采用中间接力注浆泵站，以满足长距离注浆要求。

该工程采用三种注浆方法来形成泥浆套：从洞口开始压浆，以免管节进入土体后被握裹而引起背工的恶劣情况；机尾同步注浆，要使泥浆套随机头不断延伸；同时对管道沿线定期进行补浆，弥补浆液向土层的渗透量。该泥浆系统在西藏路电力隧道顶管工程中，取得了很好的效果。由于成功地建立了泥浆套，获得了良好的触变性能，顶管施工中平均摩阻力仅为 1.0 kPa，机头切口前隆起量在 2 mm 以内，切口后沉降量为 11 mm，确保了整个顶管工程的质量以及减少了对环境的影响。

（六）顶管机头的选型

隧道所在土层多为灰色淤泥质黏土，土体软弱，含水率高。因此，通过研究和分析并结合施工场地条件与环境保护的要求，选用自行研制，能适合在软土层中使用的 52 700 大刀盘泥水平衡掘进机。该掘进机具有较强的切削能力，不容易在顶进过程中发生径向旋转。机头长径比为 1.47，纠偏系统由 4 组 8 只纠偏油缸组成，在软土地区淤泥质黏土的工作环境中，即使土体反力不大，纠偏缸伸缩仍能产生良好的纠偏效果。同时，在面板式大刀盘的切削刀的设计和布置上做了一系列的改进，能满足最佳的切削效果。同时进泥流畅，对开挖面的扰动最小，使得开挖面处于最佳的平衡状态，减少因刀盘切削土体而使机头正面土体产生挤压应力，减少对切削面以外土体的扰动。

（七）运用泥浆套工艺技术

通过该工程研究和实践证明，只要在顶管管节外壁与土层之间形成良好性能的触变泥浆套，不仅会使顶进阻力成倍地下降，而且会使地表沉降和对土体扰动影响控制到最小。从减小摩阻角度考虑，泥浆套越厚越好，但从控制地面沉降考虑，泥浆套过厚，压浆工艺控制不好，难以形成泥浆套连续状态，可能会导致因地层损失引起地面沉降。理想的泥浆套应该厚度适宜，刚好能填充管壁外周空隙，形成连续状态。因此，在把握好泥浆配比的同时，还要注重泥浆的拌制。拌制好的泥浆静置 24 h 后，漏斗黏度大于 26 Pa·s，使用前应再次搅拌。

1. 合理制定主要施工参数

根据已有的施工经验及研究成果可知，顶管施工参数中对周围环境和邻近已建隧道沉降变形有明显影响的是正面水土压力、顶管推进速度、顶管姿态等，顶管姿态取决于顶进测量的精度和纠偏效果。正面水土压力和推进速度通过地质资料研究和计算，推进速度为 20 mm/min，均匀慢速；水土压力值 P 为 0.16～0.17 MPa。

2. 使用多组纠偏系统

实践证明，对曲线顶管采用多组纠偏系统形成整体弯曲弧度，掘进机和随后的管节很容易顺利曲行。在施工过程中，根据轴线的变化，不断调整起曲油缸的行程，确保形成一条圆滑的弧度，减少顶管对管道附近地层变形的影响。

（八）信息化施工

重视对地表沉降，地下管线变形，建筑物变形等外部环境的监测，及时采集、整理、分析和反馈数据。施工管理人员要注重分析、比较，不断积累经验，从中得到真实具有指导性的信息，反馈给顶进班组，指导施工。

管贯通后，要及时利用触变泥浆压注孔对触变泥浆进行纯水泥浆置换，减少后期扰动土体固结产生的沉降、变形，从而减少了管道的后期沉降。

第六节　西江引水工程引水隧道施工技术

　　广州市西江引水工程在穿越两座大型立交——小塘立交和官窑立交时采用了盾构法施工，盾构长度分别为 2 470 m、1 620 m，分别采用了泥水平衡盾构技术和土压平衡盾构技术。相应的盾构技术在本节前文中已有详述，故本节内容将对该工程的方案选择、方案设计、工程施工及过程关键控制等方面进行简述，而对该引水隧道施工中应用到的内衬钢管技术和盾构机暗埋平衡始发技术进行详述。

一、工程基本气象及水文地质条件

　　工程区属南亚热带季风气候，年平均气温为 22.2℃。一月最冷，平均气温为 13.5℃，每年的极端最低气温多数在 3℃以上，最低记录为−1.9℃（1967 年 1 月 17 日）。七月最热，平均气温为 28.9℃，最热的记录是 39.2℃。秋冬季盛行偏北风，春、夏季盛行东南风，年平均风速 2.2 m/s。多年平均总雨量 1 641.4 mm，最大记录 2 257.3 mm（1961 年），最小记录 1 075.7 mm（1991 年）。4～9 月为雨季（汛期），总降雨量占全年的八成。月降雨量最大值为 662.0 mm（1959 年 6 月），日最大降雨量 279.8 mm（1999 年 8 月 23 日受 9908 号台风影响，造成的特大暴雨降水）。多年平均总光照时数 1 729.5 h，全年总日照时数 1 500～2 100 h。

　　场区地貌主体属珠江三角洲冲积平原，局部地段分布剥蚀残丘。场区地势开阔低平。场区多为农田、果园、鱼塘，部分地段分布有工业及民用建筑和村庄。场区主要出露第四系全新统人工填土层（Q_4^{ml}）、全新统海冲积层（Q_4^{mc}）、上更新统河流相冲积层（Q_3^{al}）、残积层（Q_4^{el}），基岩为三水盆地早第三纪（t 6）火山岩——玄武岩和白垩系（K）碎屑岩。

　　场地地下水类型主要为承压水，局部为潜水。孔隙水主要接受大气降水的渗入补给和上游地下水径流及周边河涌的侧向补给，由于孔隙水和河涌水具有密切的水力联系，故补给来源充足。场地地下水混合稳定水位埋深一般为 0.40～4.50 m。

　　场地大部分地段地下水对混凝土结构不具腐蚀性，但在小部分地段地下水在强透水层中对混凝土结构具中等腐蚀性，在弱透水层中对混凝土结构具弱腐蚀性。场区的抗震设防烈度为七度，设计基本地震加速度值为 0.10g，设计地震分组为第一组。场地大部分地段软弱松散土层发育，属抗震不利地段；场地主要为Ⅱ类建筑场地。

二、工程方案选择

（一）施工工法

　　小塘立交桥位于广三高速与西二环高速的交汇点，周边还有运行的广茂铁路、规划的贵广铁路、321 国道等交通线，上述交通设施车流量巨大，同时立交桥范围内多软土层，对沉降要求较高，且立交范围内的广三高速基础含有预应力管桩结构，埋深超过 15 m。官窑立交与小塘立交相似，立交范围内匝道众多，地质条件复杂，对沉降要求高，在立交范围内还包含有天然气调压站和密集村镇，因此只能选用不开槽施工的方法。给排水管线中常用的不开槽施工工法主要有盾构法、顶管法、浅埋暗挖法、定向钻法、夯管法等。根据本工程的特点，适合穿越上述障碍的工法主要有顶管法和盾构法。

顶管方案更适合小直径的短线浅埋管道工程，盾构比较适合长距离、大断面的隧洞工程。本工程需要穿越的大型障碍物不但占地面积大，地下结构形式也很复杂，同时要求的过流断面巨大，穿越距离长，并且难以在短距离内设置工作井。经过综合比较，在考虑保证穿越障碍的安全、减少工程征借地、降低拆迁难度以及保证工程进度情况下，盾构具有明显的优势。为保证工程的顺利实施，确保亚运会前建成通水，本工程穿越大型障碍物采用盾构工法，单洞长距离一次通过。

盾构机采用广州地铁盾构实施中大量采用的 6 300 mm 盾构机，这样有利于缩短设计建设周期且有大量珠三角地区的成功经验可供参考，对于工程的建设实施比较有利。同时，也要注意，与顶管等其他地下工程相同，盾构方式相对明挖方法投资较大、施工周期长、施工风险大，需要对地质工作做系统详细的前期工作，并应结合地勘资料进行细致的方案论证。

（二）衬砌工艺

1. 盾构内外径选择

广州西江引水工程总体计划 2010 年 9 月完工并通水，其中盾构隧洞段的计划施工日期为 2009 年 5 月—2010 年 7 月，工期十分紧张，因此在盾构机选择上非常重要。如果进行全新的盾构机设计制造，时间是不允许的，且存在较大的风险。为此优先考虑使用广州地区或国内其他城市中现有盾构机来施工，这样对保证工程总工期十分有利。目前，广州地铁盾构中大量采用外径为 6 300 mm 的盾构机，管片外径为 6.0 m，内径为 5.4 m，壁厚为 300 mm。本工程利用现有广州地铁所用盾构机及管片钢模可以缩短工期，降低造价，且符合设计要求。

2. 盾构隧洞衬砌形式的选择

西江引水工程为广州市的生命线工程，是迎接 2010 年亚运会、提高供水水质的重点工程。为此，确保工程运行安全是首要问题。单层衬砌形式由于管片单层受力，一旦接口处理不当，易出现渗漏水事故，安全度相对较低，且本工程内外压力差较大，采用该种形式不能满足正常使用状态下的受力要求，所以本工程不予采用。对于叠合式和复合式双层衬砌结构，由于内外衬共同受力，且存在受力的薄弱环节，一旦某一环衬砌出现问题，就会影响整个结构的安全，故不予考虑。

由于管道需承受较大的内压，因此应考虑盾构完成后隧道内的二次衬砌。通常盾构隧道内衬选择钢筋水泥砂浆衬砌，但该方式施工周期长，无法满足工程建设的进度要求，因此不予采用。此外，可以考虑内置 PCCP 管或钢管的方式，内置 PCCP 管方案由于管道自质量太大，在盾构隧道狭小的空间内无法解决运输及安装的问题，因此也无法采用。内置钢管的方案在管道质量及施工方面较优。考虑工程的经济性与工期要求，结合工程各盾构段的承压及埋深，并考虑工程的安全性、可靠性要求，本工程盾构段采用内衬钢管。

西江引水工程主线采用 2 条 DN3600 的管道输水，至盾构段管道变为一条，根据水流过水面积计算，输水管内径控制在 4.8 m，盾构隧洞外径为 6.3 m，加装管片后内径为 5.4 m，内衬壁厚为 20 mm 的 DN4800 钢管，钢管与隧洞之间空隙填充自密实混凝土。自密实混凝土层起到固定和止推的效用，可以稳定隧洞结构体系；还起到填充作用，防止隧洞内积水，同时有利于钢管的防腐。

为防止盾构外衬渗、漏水，设计采取以下防水措施：

（1）盾构管片采用自防渗混凝土。

（2）保证管片接缝、手孔及吊装孔（注浆孔）的防水性能。管片接缝采用三元乙丙橡胶弹性密封垫防水，手孔及吊装孔采用遇水膨胀橡胶圈止水，并用微膨胀水泥砂浆封孔。

（3）管片外注浆防水。管片壁后注浆采用同步注浆技术，及时充填管片与土体之间的空隙，以达到防水的效果。

3．承压情况及钢管选择

盾构体承受外压，内衬钢管承受内压，在两者之间除了填充自密实混凝土外，还设计有一层 2 mm 厚的薄壁弹性材料，用于隔绝内外的输水系统和盾构体系，使内衬钢管不承受外部压力。

设计的输水压力为 0.4 MPa，管道埋深为 20 m，则内部承受水压为 0.6 MPa，根据钢管的弹性模量计算其在承受内压时的径向变形量：$E = (F/S)/\mathrm{d}L$，其中 E 为钢管的弹性模量，$E = 2.06 \times 10^5$ MPa，F/S 可看作承受压力，则钢管变形量 $\mathrm{d}L = 0.002\ 9$ mm，所以 2 mm 的薄壁弹性材料完全可以起到隔离作用。

（三）盾构工艺

小塘立交段全长为 2 470 m，采用了泥水平衡盾构技术，在管线中心位置设置始发井，两端各设接收井，由中间到两端同时掘进。官窑立交段总长为 1 620 m，采用了土压平衡的盾构技术，一端始发，一端接收，一次掘进。隧洞的坡降控制在 0.5%左右，管线走向非直线型，最小转弯半径为 300 m。

该工程采用的泥水平衡盾构技术，在本书前文中已有详述，在此不作为重点介绍。

1．施工及安装

（1）盾构施工地面沉降控制。

地面沉降控制主要体现在盾构推进过程中。①进行地表建筑物及地层地质分析调查，选择合理的施工方案；②加强地面监测，合理布置监测点；③合理设定目标土压力的管理值和注浆参数值；④精心管理，均衡施工；⑤加强施工过程监测，采用信息化施工，将各类数据及时分析、反馈，从而优化调整施工参数。

（2）盾构掘进与管片安装。

盾构掘进过程中每一环都对盾构姿态进行测量，满足设计轴线要求，如有偏离则及时纠正，同步做好各项施工、掘进、设备和装置的管理工作。掘进到 1/3 管道长度时，对已建管道要进行贯通测量，隧洞整体贯通后，进行复测。管片每 6 片可以装成 1 环，每环长度为 1.5 m，每天可平均掘进 10 环左右。管片拼装要平整，不能损伤，相邻管片的径向错台量要小于 5 mm。

（3）掘进参数的控制。

①泥水压力的设定。根据地质情况和开挖面涌水量的大小确定泥水压力，一般保持在松弛土压，孔隙水压，备用压力。围岩稳定性较好，可以保持在孔隙水压，备用压力。围岩稳定性很好，可以保持在泥水刚刚充满盾构开挖舱即可。

泥水压力设定是通过泥水循环系统实现的，通过调整进、排泥水流量，可以实现泥水压力的增高、降低。

②推进速度。推进速度受到各种条件（盾构推力、刀盘转速、刀盘扭矩等）的制约，由于盾构机的推进是依据刀盘切削泥土或破岩来实现的，因此掘进中确保刀具受力不超过额定载荷是至关重要的，这些又与地质密切相关。推进速度还应该控制在盾构设计范围内，一方面防止动力部分过载；另一方面还应该保证碴土顺利排出。掘进中应密切注意刀盘扭矩的变化，一旦刀盘扭矩过大，应立即调整推力，从而调整推进速度。

③排碴量。严格控制排碴量，防止超挖和欠挖。泥水盾构的排碴是通过泥水携带排出的，通过泥水分离系统分离的碴土和监测泥水密度的变化，可以计算出碴土排量，此排量应等于碴土量乘以松散系数。实际上，严格控制开挖面泥水压力和泥水质量，确保开挖面泥水压力足以抵抗开挖面土压、水压，确保泥水造墙性，从而维持开挖面的稳定，就达到了控制排碴量的目的。

④同步注浆和补强注浆。同步注浆是盾构施工的重要环节，随着盾构的推进、已拼管片与无挖隧道内壁将会形成一环环空隙，这一空隙若不及时填充则会影响管片的形变及地表的沉降等不良后果。另外同步注浆还可以提高隧道的止水性能，保证管片的稳定性。同步注浆一般采用惰性浆液，特殊地段采用速凝浆液。同步注浆量的确定是以围岩与管片外壁的环形空隙（一般稍大于此环形空隙）为基础的，同时应考虑开挖地层及掌子面水压等综合因素。注浆压力的控制要综合考虑地质情况、浆液性质及开挖舱压力等因素。通常情况下注浆压力都控制在等于或略低于开挖舱压力，以保证浆液不流向掌子面而与碴土一起被排出。为控制隧道后期沉降和加强隧道防水，须及时采取补强注浆，补强注浆位置和注浆量根据具体情况而定。

⑤盾构姿态控制及方向调整。盾构施工过程姿态变化不宜过大、过频，并且严格控制隧道平面和高程偏差引起的隧道折角不超过盾构转弯能力。方向调整是通过推进油缸或导向油缸进行的，控制各组油缸行程差，使其不超过根据盾构转弯角所计算出来的数值。

⑥泥水处理及质量调整。除了利用泥水处理系统分离碴土，还要调整好泥水配比、黏性等参数。

⑦内衬钢管的应用。在此详述该引水隧道中创新应用的内衬钢管的衬砌形式。主要的施工流程见图 3-12。

（4）盾构内钢管的安装是工程重点，质量 60 t、长 12 m 的 DN4800 钢管从运输、对接、焊接到自密实混凝土的浇筑，每个环节都要精心控制，合理安排。

①钢管对接、焊接。分别测量要组对钢管的外圆周长，便于组对时掌握对口尺寸，达到理想匹配，防止错边的产生。对接时，首先匹配已测量好的外圆周长，按十字中心线四点定位法，以外圆对齐进行组对，如外圆周长不等，可在圆周上均匀分布，以防局部错边量超差。

采用单面焊接双面成型方法，先焊接平焊缝、内侧立焊缝，背面清根处理，再焊仰焊缝，在开坡口时平焊缝一侧多开些，仰焊缝少开些。焊后焊缝外观检查合格，待 24 h 后 100% 进行超声波检查。

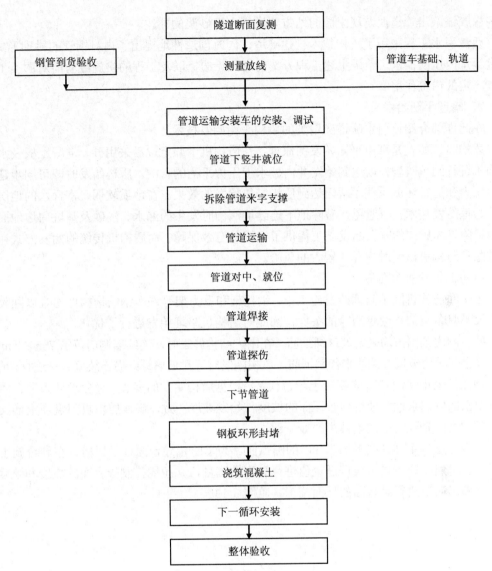

图 3-12 内衬钢管衬砌形式主要的施工流程

　　②自密实混凝土浇筑及二次注浆。自密实混凝土采用 C20 浇筑，每组长度为 36 m。端头封堵采用 4 mm 钢板。通过混凝土搅拌车将混凝土运输到指定入仓位置，由混凝土泵将自密实混凝土泵送至隧道与管道之间的空间内。为防止自密实混凝土浇筑时出现漂管，当混凝土最低点浇筑到 1/3 或距管中心线以下 1.8 m 处时采用间歇浇筑，确保已浇混凝土骨料下沉减少浮力，当混凝土浇筑到管中心线以上 50 cm 时，恢复连续浇筑直至混凝土全部浇筑到洞顶。隧道内管道安装结束后，开始进行顶部间隙二次注浆。二次注浆的分段长度为 72 m。二次注浆浆液为纯水泥浆，当空隙较小时浆液水灰比为 1：1；空隙较大时为 0.5：1，注浆压力为 0.2～0.3 MPa。在回浆孔口使用压力表监测压力值，在达到规定压力的情况下，停止注浆。

　　③管道成型与验收。完成钢管的安装和自密实混凝土浇筑，则整个输水管道完成整体施工，清理管道内部的杂物，对管道进行整体质量验收，防腐层有损坏的地方进行补涂，

并用橡胶锤敲击管道，发现空腔的地方要进行水泥砂浆的补注。

西江引水工程采用了盾构技术构建隧道，同时创造性地提出了内衬钢管的衬砌形式，满足输水内压的需求。希望上述工程方案的对比、选择以及工程的实施经验能对同类工程起到一定的借鉴作用。

2．暗埋平衡始发

在此详细介绍该引水隧道应用到的盾构平衡始发技术。

盾构暗埋始发是利用平衡始发的原理：在盾构机下井定位后采用砂、混凝土板及水对盾构机进行回填暗埋，以达到始发井内外水土压力平衡的目的。盾构始发时即可同步建立切口压力和运行环流系统，从而达到盾构带压始发的效果。在地质软弱、富含水的地层中采用暗埋始发技术，可避免在破除地下连续墙洞门时发生的漏水、涌砂及基坑周边地面沉降等风险，为盾构的安全始发施工提供了很好的有效保障。而盾构机传统的始发方式在洞门破除和盾构机出洞时均存在较大的风险。

盾构机始发前的准备：

由于在盾构机回填暗埋始发施工中，钢托架和反力架等许多钢结构构件均难以回收利用，及不具备洞门连续墙凿除的条件，因此对盾构机暗埋始发进行了优化。

始发洞门范围内均采用玻璃纤维筋。在围护结构施工时，连续墙洞门范围 7 m×7 m 内的钢筋全部采用玻璃纤维筋来代替钢筋，盾构始发时可对玻璃纤维筋连续墙直接进行切削。

钢托架采用现浇 C30 素混凝土导台代替。根据盾构始发的姿态，导台设计为适合盾构始发要求的倾斜坡面，使得导台顶面的坡度与始发坡度一致，确保盾构机刀盘顶上连续墙时，盾构机的轴线与隧道设计中心线一致。

导台与盾构主体的接触面为 90°的圆弧面。为了防止导台面过于粗糙，在导台施工完成后，测量组工作人员再根据理论值进行高程的测量，并拉线控制导台面的坡度和弧度，以指导施工人员进行导台面的抹面施工（见图 3-13）。

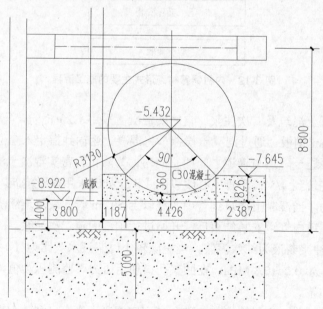

图 3-13　平台施工

反力架采用混凝土墙在始发井主体结构施工时与主体结构同时施作，反力墙与主体结构锚固搭接。盾构机姿态符合管道中心线的坡度后，为使反力墙和第一环管片连接更加紧密，反力墙在施工时有一倾斜角度。同时，在反力墙与第一环管片连接位置预埋外径 6 000 mm、内径 5 400 mm 的环形钢环，钢环中焊接净空为 0.2 m×0.2 m×0.12 m 的钢箱用于穿短螺栓连接管片和反力墙。

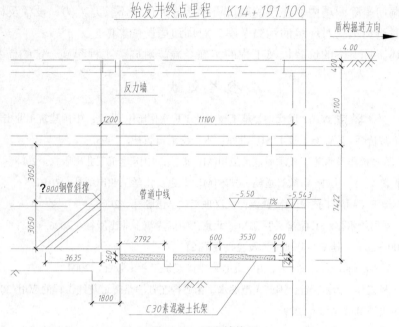

图 3-14　反力墙施工

为确保始发推力加大反力墙的可靠、稳固性，防止盾构始发时反力墙的受力过大，除了反力墙上部第二道支撑和腰梁预留钢筋的锚固连接外，还需另外在反力墙的两侧各增加一道 φ 800 mm 的钢管支撑，作用在反力墙的中部位置（见图 3-14）。

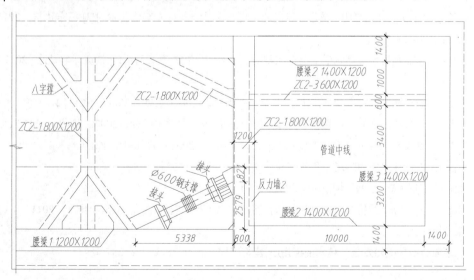

图 3-15　盾排机回填

3. 盾构机暗埋回填

盾构机拼装负环碰壁后，对盾构工作井范围进行回填施工。先回填砂，回填高度至盾构机顶部约 1 m，然后浇注一层 C20 的素混凝土，厚度约为 70 cm，再素混凝土板的上方回填水，以达到基坑内外的水土压力平衡。此时盾构机即可建立切口水压，直接始发掘进。

本技术相比常规施工技术有很大的改进，在节能减排方面做得也是非常出色的，无需端头加固及洞门凿除两项内容在节能减排贡献十分突出，不管是人力、设备及材料都得到了节约，同时避免施工对环境的污染及噪音对周边居民的影响。

希望上述工程方案的选择以及工程的实施经验能对同类工程起到一定的借鉴作用。

参 考 文 献

[1] 葛金科，沈水龙，许烨霜. 现代顶管施工技术及工程实例[M]. 北京：中国建筑工业出版社，2009.

[2] 余彬泉，陈传灿. 顶管施工技术[M]. 北京：人民交通出版社，1998.

[3] 韩选江. 大型地下顶管施工技术原理及应用[M]. 北京：中国建筑工业出版社，2008.

[4] 邢丽贞，陈文兵，孔进. 市政管道施工技术[M]. 北京：化学工业出版社，2010.

[5] 姜玉松. 地下工程施工技术[M]. 武汉：武汉理工大学出版社，2008.

[6] 孙连溪. 实用给水排水工程施工手册[M]. 北京：中国建筑工业出版社，2006.

[7] GB 50200—2002，地基与基础施工及验收规范[S].

[8] 周文波. 盾构法隧道施工技术及应用. 北京：中国建筑工业出版社，2004.

[9] 丁光莹，杨国祥，万波. 首台国产大型泥水平衡盾构在打浦路隧道复线工程的应用. 2009 中国城市地下空间开发高峰论坛，2009.

[10] 池利兵，关敬辉，等. 区域城际轨道交通功能层次划分[J]. 城市轨道交通研究，2011，14（5）：1-3.

[11] 谢建平，陈治亚.城际轨道交通在城市群发展中的意义[J]. 城市轨道交通研究，2008，11（11）：10-11.

[12] 孙章，杨耀.城际轨道交通与城市发展[J].现代城市研究，2005，（12）：38-42.

[13] 邵长久，林耿雄，姜自明. 城际轨道交通工程某深基坑外扩方案优化探讨[J].广东建材，2011，27（6）：126-128.

[14] 徐慧宇. 东莞至惠州城际轨道交通东江隧道下穿东江段技术方案研究[J].铁道标准设计，2011（8）：85-89.

[15] 周文波. 盾构法施工技术及应用[M]. 北京：中国建筑工业出版社，2004：105-152，310.

[16] 吴惠明. 盾构法隧道施工应用技术文集[M]. 上海：同济大学出版社，2007：84-91，205-211.

[17] 李勇军. 武汉长江隧道工程施工技术[M]. 1672-741X（2008）03-0318-06.

[18] 周松. 上海西藏路电力隧道工程施工技术[J]. 城市道桥与防洪，2006.

[19] 薛丽伟，潘国庆，王桦，戴孙放，严涵. 上海电力，2006（3）.

[20] 刘晓飞，邓应康. 盾构及内衬钢管技术在西江引水工程中的应用[J]. 中国给排水，2011，8（16）：27.

[21] 朱劲锋.盾构平衡始发施工技术的应用[J].建筑工程，2011，8（1）：287.

第四章 水底沉管隧道施工技术与工程实例

第一节 广州生物岛沉管隧道盖挖法、沉埋法工程施工技术

一、工程概况

生物岛沉管隧道主要技术标准：

道路等级：城市一级主干道；设计行车速度：50 km/h；机动车道宽度：双向四车道；设计净高：≥5 m；路线最大纵坡：4.0%；地震设防烈度：Ⅶ度。

本隧道设计为双向四车道，隧道净宽 2 m×9.5 m，中间设置宽 1.4 m 廊道，隧道净高为 5.45 m。设计路线总长 1 338.587 m。隧道两端洞口各设雨水泵房和风机房一座，隧道中部设废水泵房 1 座。北端设置 C、D 匝道与生物岛路网连接，南端设置辅道与大学城中环路连接，并对大学城 26 号路进行改造。

工程范围内从北向南依次为：隧道进口处 65 m 的 U 型槽引道段、北岸 273 m 的明挖暗埋段和水中 214 m 的沉管段。

二、沉管隧道施工流程

主要工程内容包括以下七个方面：

（1）北岸堤防护岸和接口段工程。包括接口段围护结构和主体结构、堤防护岸工程、北岸接头围堰破除及二次围堰的填筑等。

（2）干坞工程。包括基坑开挖、止排水、边坡防护、入坞便道和坞底结构处理等。

（3）管段预制。包括管段主体预制、配置设施安装和 E2-E3 管段的坞内预拉合对接等。

（4）水中基槽施工。包括基槽开挖、临时垫块安装及南北岸接头围堰拆除等。

（5）沉管段隧道。包括管段浮运、沉放、对接、最终接头施工、基础处理、回填及管内工程安装等。

（6）北岸部分主体结构施工。包括明挖暗埋段主体、U 型槽、U 型槽及横梁段及回填施工等。

（7）附属工程。包括雨水泵房、废水泵房和风机房等。

三、沉管隧道施工技术

(一)堤防护岸和隧道接口段工程

生物岛隧道工程穿越官洲水道,官洲水道两岸堤防均按一级堤防设防,施工过程中,河床需进行开挖在两岸附近基槽最大开挖深度:北岸约为 22.6 m,南岸约为 18.2 m。基槽开挖坡比为 1:2。工程对南北岸堤防的影响分别为隧道上下游各 50 m 以内范围,具体尺寸为北岸 118 m,南岸 104 m。目前,隧道附近的生物岛侧堤防均为浆砌石二级重力式挡墙,堤脚抛石扩脚,堤顶高程分别为 8.256 m、7.856 m(广州市城建高程),堤宽 5.0 m。大学城侧堤岸为沉箱护岸,后侧为 1:3 的放坡。施工过程中,在坞门破除前要对两岸的旧堤岸进行破除,并在水中段回填完成后要进行恢复。

考虑堤防处地质条件及开挖深度,工程施工中,两岸护岸采用地下连续墙加预应力锚索支护形式。护岸结构及接头处的连续墙顶高程生物岛侧为 8.3 m,大学城侧为 7.5 m。都要在水中段基槽浚挖前完成,以保证接口段结构施工的安全。

在进行接口段围护结构和护岸施工时,引道段左侧钻孔灌注桩以及底板下抗拔桩一并完成,在进行干坞基坑开挖时,按一定坡度进行部分引道段土石方开挖和坡面防护施工。

在管段出坞浮运沉放对接后,并完成二次围堰施工,在进行明挖暗埋段的基坑开挖的同时,进行引道段剩余部分土石方开挖和坡面防护施工。

另外,本工程采用了岸边水下对接和岸边水下最终接头,利用先施工一段岸边主体结构进行止推,即接口段施工。接口段是岸上主体结构的一部分,是沉管隧道施工的衔接部位,起着承前启后的关键作用,也是本工程的主要控制地段。

(二)接口段围护结构、基坑开挖及支撑工程

本工程北岸接口段明挖主体基坑最大深度为 22.8 m,基坑分为两部分,接口段口部基坑宽度为 29.4 m,长度约为 17 m;后部基坑宽度为 28 m,长度约为 19 m。该段主体结构总挖方量约为 22 300 m³,基底及基底以上至地表的地层都在强风化混合岩及以下地层,可以用机械直接挖取。本段基坑开挖尽量采取与干坞基坑基本同步配合的方式,以方便出土,并按单独施工进行施工组织。

接口段围护结构和堤防护岸结构设计采用了多种形式,有钢筋混凝土连续墙、素混凝土连续墙、钢管桩及钻孔灌注桩、双管旋喷桩、钢管支撑和预应力锚索等。

基坑均采用地下连续墙或钢管桩及内支撑作为基坑支护结构,墙顶设冠梁。口部基坑,两侧连续墙与围堰钢管桩之间全部采用斜支撑支护,后部基坑,两侧连续墙之间共设五道支撑。另外,在连续墙和钢管桩围护结构上还设置了预应力锚索。

北岸干坞范围内存在变质混合岩,遇水会崩解,这种地层的存在对放坡开挖的深基坑安全会构成一定的威胁。淤泥质地层对预应力锚索(杆)的成孔会产生不利影响。为防止边坡在干坞注水后失稳或松弛,边坡支护时,严格按设计要求进行施工,并适当进行加强,施工中采用湿喷工艺,来增强喷射混凝土的密实性。

北岸坞门结构施工,为了便于坞门(接口围堰)的拆除和接口段基槽开挖,设计采用钢管桩+钻孔灌注桩,在桩外迎水侧做厚 80 cm 的素混凝土连续墙止水,并在钢管桩和素

混凝土连续墙之间施工旋喷桩进行止水，共同开成坞门结构。本工程采用轴线干坞方式进行管段的预制，坞门距岸边比较近，地下水位比较高，并且要施工接口段主体结构以便对接，坞门内侧基坑开挖深度也比较深，而且为了便于施工过程中坞门的破除，坞门又不宜采用钢筋混凝土连续墙结构，所以对坞门结构的刚度、强度及防水都提出了相应比较高的要求。

　　沉管在江中段采用水下基槽开挖、管段沉放后再回覆土的施工方法。为了保证基槽开挖时河岸的稳定，需要在河岸上事先施工护岸结构。广州生物岛隧道河岸处基槽深约 20 m，护岸结构一侧临江，无法设置内支撑；又位于淤泥层中，无法采用锚索支撑系统。经过仔细分析计算，最后采用能够自稳的格栅式地下连续墙结构形式。护岸结构要分别按重力式挡墙和悬臂式支挡结构两种模式进行计算，同时要考虑河水水压对护岸稳定的有利作用。护岸结构在构造上的关键是要保证地下连续墙幅与幅之间的刚性连接，只有接头刚性连接才可以起到整体支挡结构的效果。

（三）北岸接口段工程

　　北岸接口段主体结构设计采用矩形框架结构。因为接口段处于岸边，又要与水中段管段进行水下对接，所以该段设有端封门、抗滑坎和素混凝土防渗墙等设施。该段结构与管段预制同步进行施工。主体结构的内模采用满堂支架体系，大块钢模。外侧模板采用管扣支架配大块钢模体系。

　　本沉管隧道工程与以前国内施工沉管隧道在设计上存在很多新颖之处，利用坞内先施工一段岸上主体结构进行止推，从而使可平行作业的作业面增加（并减少了独立干坞施工的投资），也就使其在工期方面显现出很大优势。但是，也正因为要先进行一段接口段的施工，使得各工序之间的转换工作非常频繁，也就为各工序的紧凑衔接提出了更高要求。比如，接口段施工、干坞施工和水中基槽浚挖可以同时施工，但必须保证接口段围护结构、护岸及接头围堰先行施工，而在后面接口段的施工中，要根据两侧相邻工程的进展来进行，并要在施工过程中为两侧相邻工程项目的转换提供条件。

　　止推坎设置在主体结构顶板上，并与主体结构是一体的，其作用是在施作二次围堰时卡住最底层的沉箱砌块，与其他结构一起共同阻挡后期二次围堰水压产生的轴向推力；素混凝土防渗墙与止推墙设置在同一断面上，使其与止推墙、二次围堰共同构成二次基坑开挖的防水体系。

　　止推墙在接口段主体结构完成后及时进行施工。止推墙设置于接口段管段主体结构的两侧，处在围护结构断面变化处，与素混凝土防渗墙和二次围堰素混凝土填充墙设置在同一断面上，并与主体结构连成一体，主要是为了抵抗坞内灌水后端封墙端面水压产生的轴向推力，并与底部素混凝土防渗墙、二次围堰共同构成基坑二次开挖的防水体系，另外，也与主体结构两侧的回填料一起，起到阻止主体结构上浮的作用。

　　接口段主体结构施工完成后，在基坑临时回填前，应做好结构内镇重砂石的布置和压载工作，镇重砂石的量和布置方式要通过精确计算，并通过设计认可。严格按设计的重量，布置方式，设计位置进行郑重处理。

　　二次围堰施工在管段全部都浮运出坞后进行。二次围堰施工包括沉箱预制、水下沉箱砌筑、沉箱内碎石回填、浇注沉箱砌筐内水下素混凝土墙和砂袋回填等。二次围堰采用大块沉箱结构，水下进行拼装，沉箱中水下进行回填砂及浇灌混凝土施工，砂包反压层回填质量也不易控制，止推效果难以保证，二次围堰的防水性能难以控制，施工难度比较大。施工中严格控制，保证沉箱沉放的位置准确，拼装整齐、密贴，混凝土浇灌连续。

首先沉箱砌块预制的质量和精度是下步工作能否顺利开展的关键工作，所以必须保证沉箱砌块预制的质量和精度；水下沉箱砌筑和沉箱内碎石回填也是非常关键的工作，主要靠潜水员在水下定位和进行质量控制；水下浇注沉箱砌筐内素混凝土墙质量，关系到二次围堰的防水效果，要严格按水下混凝土施工规范来组织施工；砂袋回填主要是为了增加围堰抵挡水压力的反力。施工中严格控制，保证沉箱沉放的位置准确，拼装整齐、密贴，混凝土浇灌连续，回填密实；抽水过程中加强监控和量测，发现问题立即加强反压回填进行处理，如有渗漏水及时进行注浆堵漏或水下封堵处理。

（四）干坞工程

修建沉管隧道时，应先修筑专门预制管段的场地，场地既能预制管段，又能在管段制成后灌水浮起，这个场地即称作干坞。干坞有多种不同的形式，根据周围环境、施工工期及经济比选，本工程采用轴线干坞方案，一次预制所有管段。

工程采用轴线干坞，岸边先做一段止推段与水中管段进行刚性连接，利用坞内先施工一段岸上主体结构进行止推，从而使可平行作业的作业面增加。

干坞工程包括基坑开挖、止排水、边坡防护、入坞便道和坞底结构处理等。混合岩地层遇水易发生崩解、软化，这样对于干坞边坡的开挖支护和干坞注水前后的稳定都是非常不利的。基坑开挖施工过程中，严格按一定层段高度进行分层开挖，减少对边坡原有岩体的扰动和暴露时间，及时支护封闭。为防止边坡在干坞注水后失稳或松弛，边坡支护时，严格按设计要求进行施工，并适当进行加强，施工中采用湿喷工艺，来增强喷射混凝土的密实性。在干坞施工完毕后，选择具有代表性的一定范围和地段，进行模拟浸水试验，如果边坡支护不能满足稳定要求，提前对边坡进行加固和补强处理，必要时，对喷射混凝土表面进行砂浆抹面，来防止水的渗透。

基坑的围护结构主要承受基坑开挖所产生的水土压力，是稳定基坑的一种技术措施。本工程围护结构采用桩锚支护、锚杆格梁及喷锚支护、喷锚支护等支护方式。基坑土方开挖按"竖向分层、水平分区、先边后中、先支后挖"的方式进行开挖，开挖过程中，加强观察和监测工作，以便发现安全隐患，通过监测反馈及时调整施工方案，利用监测资料进行信息化施工。

因为 E2、E3 管段是要在坞底结构上进行拉合对接，所以要对 E2、E3 管段之间的坞底结构做特殊处理，才能保证管段的顺利拉合和对接质量。在 E3 管段及 E2、E3 管段之间的坞底结构采用 18 mm 厚钢板作为底模，把两节管段的底模边为一体，减少拉合时的摩擦力，在坞底结构上进行加强，增加了型钢骨架，以保证 E3 管段拉合时底模的强度、刚度和平整度。

为了增强地基承载力，保证基底的稳定，应保持坞底 1 m 范围内干燥无水；同时干坞布置在北岸生物岛侧，水位较高，因此在干坞开挖和管段预制阶段必须采取一定的降水措施保证正常施工。在坞底设置明沟、盲沟和集水井，利用水泵将水排至坞外。

管段结构设计采用矩型框架结构断面，本段结构混凝土总量约为 15 700 m^3，钢筋用量约为 2 830 t，除了对大体积混凝土施工都有针对性的设计外，为满足管段的接头防水和浮运、沉放及对接，都做了特殊的设计，如钢端壳 6 个、GINA 止水带 3 条、端封门 4 套、压载水箱和管段浮运、沉放及对接辅助设施等。

　　管段的预制是指在干坞内完成沉管管段的制作过程。沉管隧道管段是隧道主体结构的施工单元，要经过预制、浮运、沉放、对接、内部施工等工序，并最终投入运营，管段结构除了满足受力要求以外，其防水抗渗性能以及干舷高度等各方面都有较高要求，施工时对钢筋混凝土管段预制施工工艺要求严格。因此管段预制是本工程施工中的关键分项工程，必须采取各种强有力的措施，保证管段预制的施工质量。本工程的江中沉管管段共有3 节（E1、E2、E3）。各管段长度明细见表 4-1。

表 4-1　各管段长度明细

管段编号	结构纵坡	夹角			水平投影长度/m	斜长/m
		α1	α2	α3		
E1	3.977%	2.277 7	87.722 3	92.277 7	93.9	93.974
E2	0.619%	0.354 5	90.354 5	89.645 5	115.9	115.902
E3	0.619%	0.354 5	90.354 5	89.644 5	3.9	3.9

　　沉管管段从结构形式分主要有钢壳管段和混凝土管段两大类，生物岛隧道采用混凝土管段。沉管隧道管段是隧道主体结构的施工单元，要经过预制、浮运、沉放、对接、内部施工等工序，并最终投入运营，管段结构除了满足受力要求以外，其防水抗渗性能以及干舷高度等各方面都有较高要求，施工时对钢筋混凝土管段预制施工工艺要求严格，而且有管段沉放、对接所需的临时结构及各种预埋件的安装。

　　（1）管段自防水混凝土强度等级为 C35、抗渗等级为 S10。混凝土抗裂要求：不允许出现贯穿性裂缝，尽量避免表面裂缝，其宽度≤0.2 mm，深度＜25 mm，其中由水化热产生的干缩裂缝宽度≤0.1 mm。浇注混凝土要求入模温度＜28℃，管段混凝土内外温差＜25℃。为满足管段预制的特殊要求，由试验室技术人员专门设计混凝土配合比并经试验验证，其中除常规试验项目外，还要专门进行水泥水化热、水泥干缩、混凝土收缩、混凝土升温、浮球试验、通电 CI-扩散系数等一系列项目的试验论证，从而得到符合强度、抗渗、耐久性要求的最佳配合比。

　　混凝土产生裂缝的原因是多方面的，其中主要原因是混凝土温度应力及固结后的收缩约束力。对于管段这样的大体积箱形钢筋混凝土结构，特别是侧墙部位如果不采取温控防裂措施，则很容易出现裂缝，因此温控防裂措施是保证管段预制质量的关键工艺之一。由于高温和强日照会对混凝土施工会产生不利影响，在广州地区这两种气象都具备，而且持续时间比较长，因此在夏季高温或强日照情况下进行混凝土施工，就必须采取各种措施加以控制，才能保证混凝土的施工质量。

　　（2）凝土自防水为主，外贴防水层为辅，接头防水为重点，管段接头处采取两道防水：第一道防水采用 GINA 止水带防水，第二道防水为 Ω 止水带防水。

　　（3）预制管段底板采用 6 mm 厚预埋底钢板外包防水，侧墙、顶板表面采用涂刷 2.5 mm 厚柔性聚氨酯涂料防水。最终水下接头段（长 2.5 m）外面利用钢模板止水，里面现浇微膨胀防水混凝土 C35，S10，接缝处采用遇水膨胀橡胶腻子条和全断面亲水性环氧浆液注浆防水。

（4）水平施工缝设在底板以上 800 mm 部位，采用中埋式镀锌钢板止水带。最终接头段处的水平施工缝再增设一道遇水膨胀橡胶止水条。与其他方式修建的隧道不同，沉管隧道的顶部覆土可以很小。隧道埋深越浅，隧道长度就越短、工程造价也越省，同时也更有利于隧道和两端路网的衔接。为了满足管段抗浮和保护管段顶部在长期期间不被损坏，沉管隧道上覆土厚度一般取 1 m 以上。

管段混凝土浇注分两步进行施工，第一步先施工管段底板，第二步施工两侧墙、中间隔墙及顶板。混凝土端封门是在管段预制完成后进行，而且混凝土端封门的厚度只有200 mm，所以端封门顶部与管段顶板之间的密封比较难以实现。因此在施工中要采用微膨胀混凝土，在顶部设置排气孔，采用压力灌注，并在封墙顶端墙体中部预埋一定数量的注浆管，在拆模前进行注浆。在拆模后进行仔细检查，必要时，采用嵌缝堵漏的方式，对顶缝采取嵌缝、注入环氧树脂等化学浆液进行防水，保证端封门的密封止水性能。

模板安装的测量控制极为重要，重点是控制管段的几何尺寸。由于管段属于一个大体积的立体结构，模板定位测量必须采取可靠的方法，并制定严格的复核检查措施，以此保证管段外形尺寸的有效控制。管段预制施工测量主要包括管段台座找平放样、混凝土浇注高度控制、模板、钢筋和预埋件安装定位以及其安装精度控制等测量。

在模板设计、加工及安装等方面进行方案优化，选择最适合模板体系，模板必须有足够的刚度、强度，并充分考虑模板体系可能对管段混凝土防渗性能所带来的负面影响，并制定相应的应对措施。并在施工过程中，加强质量监控和管理，严格质量标准，精心制作、精心施工，满足管段制作及安装误差要求，并采取大体积混凝土综合抗裂技术措施，确保管段结构做到不裂、不渗、不漏，保证管段预制质量完全满足设计及施工规范的要求。

沉管隧道的耐久性问题显得相当重要。施工中计划采用耐久性混凝土，加强管段预制混凝土重度、耐久性的研究应用。加强新防水材料、新工艺的应用，系统地做好防水工作。沉管隧道大部分地段都位于地下，而且大部分地下水位都比隧道主体结构高，所以沉管隧道的工程防水就显得十分重要，特别是对各项技术细节的处理也就极为重要。如柔性接头和最终接头的密封止水、垂直千斤顶预埋的止水及各后浇带、施工缝的止水处理等。

本工程设计为双向四车道，沉管断面总宽 23 m，高 8.7 m，单段管段长度达 116 m，结构断面和体积都很大。从管段的浮运和沉放方面来看，几何尺寸误差将直接引起管段重量变化，干舷也随之变化，同时还会引起管段起浮和浮运时重心变化，影响浮运时的稳定性；从管段的对接和施工精度方面来看，几何尺寸中的端面误差，将导致管段安装位置的误差而影响隧道线路平、纵剖面线型，同时也影响管段的对接质量及接头的水密性。因此，沉管预制的几何尺寸精度要求高。并且，从管段的使用寿命、强度、结构的抗渗、抗裂及防水方面来看，管段应以结构的自防水为主，混凝土不允许出现贯穿裂缝，尽量避免表面裂缝，必须因地制宜地采取相应的措施。

（五）沉管段预制平面布置

管段预制采用轴线干坞方案，即在北岸生物岛侧隧道轴线上修建干坞作为管段预制的场地；管段预制完成后，在干坞内试浮、检漏后，然后进行浮运和沉放。

　　本工程沉管管段共有 3 节（E1、E2，E3），宽度为 23 m，高度为 8.7 m，长度分别为 94 m、116 m 和 4 m，一次在干坞内预制三节管段。

　　沉管隧道最终接头的处理可分为岸上干式施工和水中施工两种方式。生物岛隧道最终接头处理采用水中接头的工艺。两种处理方式的流程和优缺点分述如下。

　　岸上干式施工是一种传统的接头处理方式，其施工步骤是：

　　（1）施工岸上段结构，在岸上段结构上施工一次围堰。

　　（2）顺序沉放管段到最终接头位置。

　　（3）在最后一节管段底部施工止水帷幕，在管段侧边施工止推墙（抵抗第四步抽水后管段间的巨大推力），在管段顶上施工二次围堰。

　　（4）抽排一次围堰与二次围堰之间的水。

　　（5）在干环境下绑扎钢筋、浇筑混凝土、完成最终接头。

　　岸上接头临时工程多、施工工序多、工程工期长。其中第三步为了施工止推墙，岸上段的围护结构必须采用地下连续墙施工，而不能采用放坡开挖，工程造价很高。管段下的止水帷幕施工质量不易控制，会给最终接头的施工带来安全风险。

　　水中施工最终接头的施工步骤是：

　　（1）在接头位置事先进行基础处理，铺设底部的止水钢板。

　　（2）从两岸向江中顺序沉放管段，到最终接头位置。

　　（3）潜水员水下安装管段之间的钢止推杆。

　　（4）潜水员水下安装管段两侧和顶部的止水钢板，达到基本止水效果。

　　（5）操作人员进入管段内部，将四面的止水钢板焊接，达到永久止水效果。

　　（6）抽排最终接头之间的水。

　　（7）在管段内部绑扎钢筋、灌筑混凝土，完成最终接头施工。

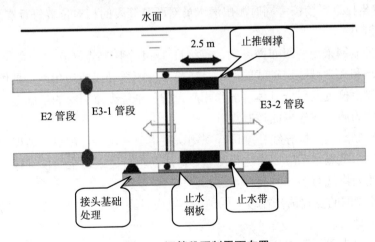

图 4-1　沉管段预制平面布置

　　最终接头钢封板的安装全部为水下作业，是沉管隧道施工的关键工序，技术要求高，主要靠潜水员水下作业完成，施工质量控制不直观。最终接头钢封板安装质量的好坏，直接影响最终接头的止水性能，也是沉管隧道施工成败的关键，因此要严格控制好钢封板预埋件的安设质量和精度，并严格按钢封板的安装顺序进行安装和密封检查工作。由于采用管段之间的钢止推杆抵抗了水压力，岸上结构可以采用放坡开挖的方式施工，降低工程造价。

（六）沉管施工测量及监控测量

1．测量控制的项目

本工程施工过程中需要测量控制的项目主要包括：

（1）岸上控制测量：管段预制施工与精度控制，岸上段结构的位置及精度控制。

（2）水下地形测量：隧道基槽、临时航道等的开挖与验收，沉管回填测量及验收。

（3）管段沉放、对接定位测量：沉放、对接时的动态跟踪测量定位；潜水员探摸直观量度复核；对接后的定位测量及验收。

（4）水文观测：流速、潮位测量。

2．测量方式

本工程施工测量采用两种测量方式，即常规测量与 GPS 测量。施工时根据施工项目的特点及要求，可以选择一种测量方法或两种测量方法结合使用，同时采用其他辅助测量手段进行复核。主要施工项目测量方案如下：

（1）岸上测量控制网布设及管段的预制测量及监测采用全站仪、经纬仪及水准仪等测量仪器，采用常规的测量与控制方法。

（2）水下地形测量采用数字化自动测深仪配 RTK-GPS（实时动态双频 RTK）及配套软件进行测量控制与成图。对于沉管基槽及支撑垫块基床验收，同时采用旁测声纳扫描、水下刮刀及潜水员探摸等辅助手段验收。

（3）管段的浮运、沉放对接过程，采用 RTK-GPS 及其配套的实时监控系统，进行全过程实时、动态的定位与控制；最终对接时使用全站仪、水准仪等实测管段坐标及高程，并与 GPS 测定坐标进行校核；同时派出潜水员对两节管段的相对位置进行实地直接度量。

3．测量控制网

（1）测量控制网采用两级布网方案，首级设 3～4 个控制点（其中一个为 GPS 基站），分别设在生物岛和大学城隧道轴线的两侧，连成一条闭合导线或边角网，具体位置将根据业主提供的控制点位置及现场具体情况作相应调整，在首级控制网的基础上扩展加密形成二级控制网，作为施工放样平面控制点。

（2）平面控制网按一级导线精度进行观测，采用全站仪进行测量。高程控制点采用精密水准仪按三等水准测量精度要求进行测量，跨河高程传递采用全站仪进行三角高程对向测量，同时利用两岸现有的一些高程点进行复核。

（3）首级控制网的点宜选择在较高的地方，组成导线。加密控制点选在受施工影响小、便于点位保护的地方。

（4）首级控制点采用固定仪器墩，强制对中。

（5）首级网采用全站仪进行观测，加密网也采用全站仪进行观测。操作方法及限差必须符合《工程测量规范》（GB 50026—2007）的要求。

（6）首级网应按严密平差法进行计算，加密网可按一般方法进行计算。

4．高程控制网

（1）采用三等水准网作为高程控制网一次布设，也作为施工用标高的控制点。

（2）三等水准网起闭于业主移交的高程控制点。

（3）水准点间距为 150～200 m，过江采用跨河水准测量。

（4）使用业主移交的高程控制点前，必须对其进行检测复核，验证无误后方可使用。

（5）高程点应设于稳定和便于点位保存的路边混凝土、坚固房角等地方。

（6）使用高精度水准仪和铟钢水准尺进行观测。

（7）跨河水准测量采用矩形图形。用两台全站仪在两岸同时进行高差观测，采用四测回测量，以求精度一致。观测时间宜选在阴天、成像清晰的天气进行观测。跨河水准测量的各项限差及计算按有关规范执行。

5．监控量测

信息化施工技术是现代岩土工程施工方法的重要组成部分。其中基坑工程设置于力学性质相当复杂的地层中，在对基坑围护结构设计和变形预估时，一方面，围护体系所承受的土压力等荷载存在很大的不确定性；另一方面，对地层和围护结构一般都做了较多的假定和简化，与工程实际有一定的差异；使得现阶段在基坑工程设计时，对结构内力计算以及结构和土体变形的预估与工程实际情况有较大的差异，并在一定程度上依靠经验。因此，在深基坑施工过程中，只有对基坑支护结构、基坑周围的土体进行全面、系统的监测，才能对基坑工程的安全性和周围的土体有全面的了解，以确保工程的顺利进行，在出现异常情况时及时反馈，并采用必要的工程应急措施。这也是动态的信息化设计和施工的重要工作内容。必须在施工的全过程进行全面、系统的监测工作。

（1）基坑监测的目的主要有：

①检验设计所采取的各种假设和参数的正确性，指导基坑开挖和支护结构的施工。②确保基坑围护结构的安全。③积累经验，为提高基坑工程的设计和施工的整体水平提供依据。

（2）监测工作在进行一段时间后，要对量测结果进行总结和分析：

①数据整理。把原始数据通过一定的方法，如按大小的排序，用频率分布的形式把一组数据分布情况显示出来，进行数据的数字特征值计算，离群数据的取舍。并绘制位移或应力的时态变化曲线图，即时态散点图。

②数据的曲线拟合。寻找一种能够较好反映数据变化规律和趋势的函数关系式，对监测结果进行回归分析，以预测该测点可能出现的最大位移值或应力值，预测结构和建筑物的安全状况。

③插值法。在实测数据的基础上，采用函数近似的方法，求得符合测量规律而又未实测到的数据。

（七）止水带的安装

正式安装时，用一根与管段断面同宽度的扁担梁将 GINA 止水带分许多吊点（间距小于 1.5 m）固定在扁担梁上（固定方法应确保 GINA 止水带不产生塑性变形或损坏），使 GINA 止水带全部展开成矩形状，用吊机吊起扁担梁平移到钢端壳的端面上，起吊 GINA 橡胶止水带时，用人工配合适当挪动 GINA 橡胶止水带，避免出现摩擦 GINA 橡胶止水带的现象。

GINA 橡胶止水带的安装是在干坞内完成的，在管段预制工作基本结束时，并在钢端壳完成后进行安装。GINA 止水带被压缩的量比较小，而且在管段的起浮、浮运及沉放的过程中，只靠 PC 钢索提供拉力（预紧力），两节管段之的结合也比较小，所以在 E2-E3 管段起浮、浮运及沉放的过程中采取相应的技术保证措施，才能保证两管段之间不发生错位或密封失效等事故。比如：防止起浮和沉放时 E3 管段一端单独受力，防止浮运和沉放时 E3 管段发生碰撞等。生的巨大拉力导致接头水密性的失效，保证两管段之间不发生错位或密封失效等事故。

钢端壳安装在每一节预制管段的两个端头，与管段混凝土联为一体，主要作用是在连接各管段接头时，用来安装 GINA 橡胶止水带和 OMEGA 橡胶止水带，供管段沉放期间管段结合使用。在两节管段对接时，巨大的水压使 GINA 橡胶止水带压缩，其承压力均由端钢壳承受。

为使 GINA 橡胶止水带完全均匀压缩，以达到两节管段紧密结合，使接头完全水密，以及为适应各管段沉放后的坡度变化，对钢端壳的平整度、倾斜度等制作精度要求较高，要求钢端壳的平面不平度不大于 ± 3 mm，每延米不平度小于 ± 1 mm。对于宽约 20 m、高达 8 m 多的钢结构加工及安装，要达到如此之高的精度是相当困难的。

钢端壳加工安装焊接时，容易变形，特别是在现场与管段钢筋连接时，由于管段钢筋多，作业条件差，再次焊接，极易造成钢端壳施工误差超标。因此应采取相应的技术措施来保证端钢壳的加工及安装精度，同时在施工中采取精密测量仪器密切配合，随时检测修正，确保误差控制在规定范围内，使沉管对接顺利进行。

钢端壳主要由端面板及连接骨架组成，施工方案是：端面板及连接骨架分开加工及安装，连接骨架（包括锚固钢筋）及端面板由专业的钢结构加工厂进行整体加工，分段运输，现场拼装；防止变形的主要措施是设置临时支撑点来限制构件在空间的自由度，使构件不会产生任何方向的位移，还要增设夹具，加密夹点，并要保证测量控制线的准确性。在焊接工艺上采取间断焊缝，并控制每次焊缝的长度及间断的距离等。

管段两端浇注混凝土前，在胎架上安装连接骨架，初步调坡并与管段钢筋连接；在管段混凝土全部浇注后，观察管段的稳定情况，待管段稳定后，进行第二次精确调坡，安装端面板，最后在形成的空腔内使用高强水泥砂浆进行压力灌浆。端钢壳安装后，应进行防渗处理，在腹板与面板之间灌注无收缩细石混凝土填料，填充密实。

（八）管段水平、垂直剪切键的施工技术

为了便于管段的水下对接，在预制管段时，施工管段两端中隔墙处垂直钢筋混凝土上、中剪切键、鼻托梁及其预埋件，并预埋管段下钢筋混凝土剪切键的钢筋及接驳器，以及两侧墙竖向钢剪切键预埋件（E2 与 E3 管段是在干坞内预先拉合的，所以 E2 与 E3 管段间的混凝土剪切键为特殊构件），并在鼻托梁上安装导向装置。

为了限制管段垂直方向的位移量，使位移量控制在水密性要求的允许范围内，同时也为了避免因过大的竖向位移量造成 GINA 止水带承受过大的剪切变形及剪切力而出现损坏，在管段端面设置竖向剪切键。

竖向剪切键分为两步施工：第一步：中隔墙上的剪切键为钢筋混凝土结构，部分在管段施工阶段与管段一起施工，在管段沉降基本稳定后，施工剩余部分钢筋混凝土下剪切键。第二步：管段侧墙上的剪切键为钢结构构件，在管段沉降基本稳定后，进行侧墙竖向钢剪切键的施工。

基于与竖向剪切键设置同样的考虑，为了限制管段水平方向的位移量，在两节管段的底部设置了水平剪切键予以控制。底部水平剪切键为钢筋混凝土结构，也在管段沉降基本稳定后，进行水平钢筋混凝土剪切键的施工。

垂直千斤顶在沉埋管段沉放接合时作为调整管段高程用，使管段沉放调整到预定位置。每个管段设置二个（E3 管段没有）：在管段预制时将钢柜、钢棒、套管及防水设施等一并装入，在拖航时再组装油压系统。

水平千斤顶安装在沉埋管段两端顶面上。在管段预制时将千斤顶托座预先安装固定，当管段浮运沉放到预定标高时，再吊安千斤顶于托座上，利用水平千斤顶拉紧管段使 GINA 止水带初步结合而产生止水效果，然后再继续其他接合作业。

预制管段时，施工管段两端中隔墙处垂直钢筋混凝土上、中剪切键、鼻托梁及其预埋件，并预埋管段下钢筋混凝土剪切键的钢筋及接驳器，以及两侧墙竖向钢剪切键预埋件、（E2 与 E3 管段是在干坞内预先拉合的，所以 E2 与 E3 管段间的混凝土剪切键为特殊构件）。沉管隧道从管段沉放完成至正常使用过程中，为了限制因管段沉降及地震作用产生的竖向和水平向的位移，防止止水带产生过大的剪应力和剪切变形，保证其不超过接头水密性要求的允许值，在各管段接头分别设置垂直剪切键和水平剪切键。

沉放完毕、灌砂基础施工完毕后，采用机械和人工结合的方式凿除中隔墙剪切键间的钢筋混凝土鼻托梁及导向装置。

（九）管段浮运、沉放及对接及管段基础处理

管段的浮运、沉放、对接及最终接头施工，是沉管隧道区别于其他工程的最大特点，也是沉管隧道施工的关键性技术。

基槽的浚挖采用挖泥船进行施工，并采用声纳探测和潜水员水下检查等手段配合基槽的浚挖施工；在坞内灌水过程中和完成后，进行管段试浮检漏、一次舾装和防锚层等施工，同时完成接头围堰的破除和基槽浚挖工作。

在基槽开挖完成后，水底淤尘平静后再次进行水中开挖，采用挖泥船挖掘临时支承垫块基坑至设计深度，然后扩挖成型，并清除余泥。开挖时，在挖泥船上设置测深仪，以确保垫块基坑开挖符合设计要求。每段管段前后端设两个支承垫块，共四个。垫块采用混凝土预制件，设计尺寸为 $6 \times 5 \times 1.4$ m。垫块中心预埋钢板尺寸为 $1\,500$ mm$\times 1\,000$ mm$\times 100$ mm，采用优质合金结构钢 40CrNiMoA，洛氏硬度为 HRC52～55。支撑垫块的轴线、里程及标高。支承垫块沉没的精度应达到平面位置允差 5 cm；标高允差±25 mm；倾斜度＜1/250。

管段的出坞浮运采用主牵引铰车和护航拖轮共同完成，沉放对接采用双方驳骑吊吊沉法，最终接头设在北岸岸边，采用岸边水下最终接头，E3 短管段采用中隔墙钢索预拉合的方式，在干坞内与 E2 管段进行对接。浮运方式受航道条件、浮运距离、水文和气象等多种因素控制，主要有以下两种施工方案：

（1）拖轮浮运方案。

（2）绞车拖运、拖轮顶推方式。在运输隧道管段时，应注意以下条件：①将遇到的情况；②在现场的特定条件下的隧道管段的特性；③在航行水道中可资利用的空间；④拖船的种类和能力；⑤定位系统和将这些结果提交给作业指挥者的方式。

根据上述情况，管段浮运、沉放及对接总体施工安排如下：管段沉放从南岸大学城侧开始。先浮运沉放 E1 管段与南岸岸上段对接，再将 E2+E3 管段一起浮运沉放与 E1 管段对接，最后将 E3 管段与北岸岸上接口段用最终水下接头进行连接。管段的浮运、沉放是沉管隧道施工的重要环节，将受到气象、水流、地形等自然条件的直接影响，还受到航运条件的制约。因此在施工时应根据自然条件和航运条件、沉管本身规模以及沉管设备条件因地制宜地选择合适地施工方法，制定详细地水中作业方案，安全稳定地将管段沉放到设计位置。

管段的沉放方式很多，结合本工程实际情况和周边的可利用资源，本次管段沉放采用双方驳骑吊吊沉法，沉放方驳和浮运拖轮都采用租赁的方式。双方驳骑吊吊沉法是利用两艘专用的方驳，在方驳上设置铰车，利用方驳的浮力提供起吊力，利用管段内的压载水箱蓄装压载水提供负浮力，在放松起吊铰车绳索情况下，管段平稳下沉。同时不断调整系泊系统缆绳，实现管段的沉放和对接施工。

压载水箱的作用是在管段系泊、浮运和沉放时调整管段的平衡；在管段沉放时提供足够的负浮力；管段沉放就位后提供足够的抗浮安全系数。压载水箱的设计施工对于管段在管段沉放过程中的稳定至关重要。沉管隧道主体工程完工后，逐步拆除压载水箱，并用底部压仓混凝土替代，最后在压仓混凝土上进行路面施工。

往管段压载水箱内加压载水，使之满足 1.01 的抗浮系数，下沉过程中的最大抗浮系数不得超过 1.02，通过卷扬机控制管段沉放下沉速度，直到管底离设计标高 4 m 左右为止。

调整沉管平面位置，将管段往已沉放管段方向（E1 管段往岸上段接口处）平移至相距 1.5 m，然后下沉管段至最终标高 0.5 m。此时再次校正管段的平面位置并调整好管段的纵向坡度。

将管段平移至距已沉放管段约 0.4 m 处，校正管段位置后，开始着地下沉。最后下沉阶段通过卷扬机控制管段下沉速度以减少管段横向振幅。着地时先将管段前端搁置在已沉管段的鼻托上，通过鼻托上的导向装置使管段自然对中，然后将管段后端搁置在临时支座上。待管段位置校正后，即可卸去全部吊力。

接头设计和处理技术是沉管隧道的关键技术之一，接头的设计应能承受温度变化、地震力以及其他作用并保证隧道接头具有良好的水密性。接头的位置、间距和形式应按照土壤条件、基础形式、抗震以及可加工性来决定。同时，还应考虑接头的强度、变形特性、防水、材料以及细部构造。管段间防水主要依靠水力压接的 GINA 防水带和 Ω 止水胶带。

在测量定位系统的严格监控及潜水员水下检测配合下，操作管段的两只专用方驳及管段的纵、横向调节系统，将管段逐级进行沉放，并适时地调整管段的纵坡，当管段底部离设计标高为 1.0 m 左右时，进行管段的着地下沉和初步对接。

对管段的姿态进行测量，根据测量结果确定精确定位方案，然后利用临时支撑上的垂直千斤顶和管段上方的水平千斤顶进行精确定位。精确对位后，在已安装管段和新设管段间还留有一定间隙，即可进行初次拉合。就是利用拉合千斤顶，将待安装管段拉向已安装管段，使 GINA 橡胶止水带的尖肋部分被挤压而产生初步变形，使两节管段初步密贴，实现初步止水要求，为下一步压接施工提供作业条件，也称之为一次止水。

管节沉放精确就位后，即拆除 GINA 橡胶止水带保护罩，派潜水员检查 GINA 橡胶止水带及对接端面是否有附着物或损坏。一切准备好后，吊装或安装拉合千斤顶，对 GINA

橡胶止水带进行预压。对接拉合的速度不应太快，当两端面相距较近时，对管节进行精细微调，直至满足设计的安装精度要求，再继续拉合到初步止水。潜水员检查初步止水没问题后，进行水压压接。

水压对接是在两条管段端封门之间通过 GINA 止水带形成一个相对密封的空间后，将端封门之间的水排出去，利用管段尾部端封门的水压力将管段向已装管段方向压接。在拉合千斤顶拉合管段完成后，潜水员全面检查 GINA 止水带的压接情况，并测量两条管段之间的距离，所有的实际情况与设计要求相符合时，进行放水压接作业。在已装管段内，打开端封门上预先设置的排水阀门，将端封门之间的水排到已装管段的水箱内。在排水阀门上安装水压表，通过表压的变化值，判断放水压接情况。当端封门之间的水位降低时，打开上部的进气阀，继续进行排水作业。

施工人员在管节内打开排水阀，开动排水水泵，抽调两管节间隔舱中的水，形成负压。然后用调整系统（支承千斤顶）把管节顶起，顶起高度为基础处理所需的预留量，最后再灌水加载，加载完毕后，撤除沉放及其他工程船舶、锚泊系统，解除封锁，打开对接舱门（水密门），同时接通岸上段的电力、通风系统，测量管节安装后各项误差。潜水员下水拆除管节预留的各种临时施工设施。

在整个放水压接过程中，潜水员在水下不断测量两条管段之间的距离，随着放水的进行，距离越来越小，当所测距离与设计大致符合时，放水压接完成。

经过计算，作用于在管段自由端的静水压力可达到 2 000 t 以上，使得 GINA 橡胶止水带在这一施工阶段的被压缩量非常大，一般可以达到 GINA 橡胶止水带自身高度的 1/3 左右。因此，在压接作业完成后，可以利用岸上测量确定管段的纵向位移量，根据该数据初步确定压接是否成功，确认无误后，安排潜水员进行水下探摸，检查 GINA 橡胶止水带是否因受压而出现破损现象。

当两相邻管段沉放到位后，可进行管节间 OMEGA 止水带的安装，OMEGA 止水带为管段接头的第二道防线，安装前要检验 OMEGA 橡胶止水带的水密性能。在管段内部将OMEGA 橡胶止水带安装在端头钢连接件上，通过预埋在钢端壳上螺栓与特制的压板锁紧。

OMEGA 止水带安装后进行压水试验，在 OMEGA 止水带和 GINA 止水带间压入高压水，当水压达到设计压力时，关闭进水闸并进行保压。如发现压力下降，则必须全面检查，处理好渗漏点后重新做压水试验，直至经 2～3 h 保压时间压力不降低方为合格。此时可抽出压入的水。第二道 OMEGA 橡胶止水带安装完毕后，可拆除接口隔舱两侧的端封墙，沉放，对接作业即可完成。在确认压接获得完全成功后，通过垂直调节系统将管段的后端顶起，顶起高度为基础处理所需的预留量。

为了增加两节管段的连接强度，利用 PC 钢索对管段实施柔性连接。每条接头 PC 拉索由一对索体（由 12φ j15.2 的高强低松弛钢绞线）和连接套筒组成，索体两端为固定端锚环和 P 锚挤压头，接头两侧的索体通过中间的一对定位套环实现与连接套筒的连接。每组PC 钢索在安装时必须先施加设计的预张力，使钢索调直，并使其均匀受力后与连接套筒连接。钢索在管段预制时进行预埋。

沉管法隧道不同于盾构法隧道的一个显著特征是基础所承受的荷载通常很低，在隧道管段沉放就位后，基底土层的承载力为通行车道混凝土的重量，加上覆土（厚约 1 m）重量、车辆荷载等，不超过 30 kN/m²，大大低于 10 m 深度处的地基初始竖向应力。沉管隧道基础处理方法很多,其取决于隧址的地质条件、通航情况、施工机械和费用等。大致可分为先铺法(刮铺法、桩基法)和后铺法(灌砂法、喷砂法、砂流法、注浆法、灌囊法)。

生物岛—大学城隧道管段基础处理主要包括:管段基础灌砂及灌浆封孔。其施工工艺主要是利用一艘专用的灌砂工作船,通过管段上布设的灌砂预留孔,采用专用的隧道灌砂泵,由管外往预留孔进行压力灌砂。灌砂法是在管段预制阶段预埋灌砂管,完成对接后,即利用灌砂船实施基础处理作业。回填料采用砂、水以及胶合材料进行拌和配制,通过砂泵将回填料经灌砂管压入沉管底部。灌砂完成后,通过注浆对冲击坑和灌砂管进行填充。管段在干坞内进行试浮检漏、以及管段的浮运,施工工艺比较复杂,施工中的风险也比较大,虽然交通部广州救捞局有香港的东、西区沉管隧道管段的沉放施工经验;管段在沉放、定位连接时,要求管段稳定、位置准确,在流动的江水及航道中,施工中测量定位及管段稳定性控制有一定难度;最终接头是沉管隧道施工中最关键的一个环节,技术含量高、施工难度大、风险高;采用后填法进行管底基础施工,确保管底充填均匀、密实,运营期间不发生不均匀下沉,也是本工程难点之一;并且在前面的每项工作中,基本上都要进行水上、水下作业,而且工作量比较大,导致施工风险也进一步加大。

四、本章小结

沉管在干坞中预制,然后浮运至水底对接。沉管长期在水下工作,混凝土的抗渗和防裂是非常重要的。管段的浮运、沉放、对接及最终接头施工,是沉管隧道区别于其他工程的最大特点,也是沉管隧道施工的关键性技术。从工程总工期安排上看,干坞施工、接口段施工、沉管段的制作、沉放以及岸上段的主体结构施工是控制总工期的关键。

第二节 上海外环越江沉管隧道工程施工技术

一、工程概况

在我国,采用沉管法修建大型水底交通隧道的,历史不长,工程也较少。上海外环隧道式城市外环线跨越黄浦江下游的越江工程,距吴淞口约 2 km,是上海市首次采用沉管法修建的双向八车道的大型水底公路隧道,是亚洲目前最大的沉管隧道,全长为 2 882.8 m,工程总投资近 12 亿元人民币。于 1999 年 12 月 28 日动工,2003 年 6 月 21 日正式建成通车。江中沉管段长 736 m,由七个管段组成,管段宽度为 43 m,高度为 9.55 m,长度为 100～108 m,最大水下埋深超过 30 m。工程建设中涉及的干坞施工、管段制作、基槽浚挖和回填覆盖、岸壁保护工程、管段基础处理、管段接头和管段拖运沉放等一系列关键技术,直接关系到整个工程的成败,其中的经验对今后大型沉管隧道的施工也有借鉴价值。它的建成将为上海市北部地区提供快速、便捷的交通通道,减轻市区交通压力,有效缓解过江难题,对进一步开发浦东、优化上海投资环境具有重要意义。按隧道的车道数、管段的宽度及重量指标进行比较,上海外环越江隧道规模在当时居亚洲第一。

（一）工程规模

上海城市外环线是上海市"三环、十射"快速道路系统的重要一环。越江沉管工程是外环线北环中连接浦东、浦西的一个重要节点，是外环线的咽喉工程。

上海外环越江沉管隧道工程位于距吴淞口约 2 km 的吴淞公园附近，工程西起浦西同泰北路西侧，东至浦东三岔港，为双向八车道公路沉管隧道。越江地点江面宽度为 780 m，工程全长为 2 882.8 m 包括江中沉管段 736 m（2 节 100 m、1 节 104 m 和 4 节 108 m，并内含一段长为 2.5 m 的最终接头）、浦西暗埋段 457 m、浦西引道段 282.7 m、浦东暗埋段 177 m、浦东引道段 207.3 m、接线道路 1 022.8 m。浦东设有隧道管理中心大楼；浦西设有风塔 1 座。全线设 2 座降压变电所、2 座雨水泵房、2 座消防泵房、2 座江中泵房。

由于工程区段河床断面深潭位置紧逼浦西侧凹岸，所以隧道江中段最低点偏向西侧，江中线路设 1 个变坡点，竖曲线半径为 3 000 m。为减少结构埋深以及江中基槽浚挖、回填覆盖等工作量，隧道平面采用半径为 1200 m 的曲线从深潭中心下游穿越过江，同时在河床断面深潭处将隧道顶抬高出河床底 3.61 m，见图 4-2。

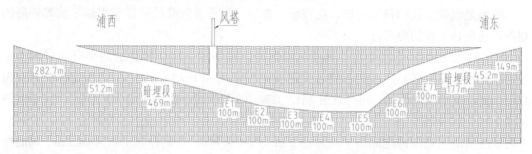

图 4-2　隧道纵剖面图

管段断面宽 43 m、高 9.55 m（风机壁龛处高为 10.15 m），为 3 孔 2 管廊 8 车道形式，结构底板厚 1.5 m，顶板厚 1.45 m，外侧墙厚 1 m，内隔墙 0.55 m（见图 4-3）。

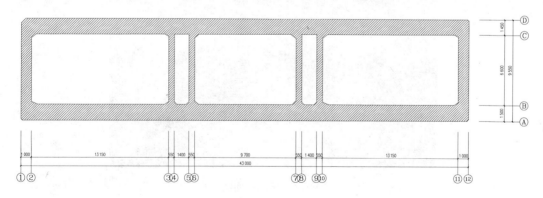

图 4-3　管段横断面

（二）工程地质和水文条件

工程浦西段主要地层为：①1 填土、②1 褐黄色粉质黏土、②2 灰黄色粉质黏土、③2

灰色砂质粉土、③3 灰色淤泥质粉质黏土、④灰色淤泥质黏土、⑤灰色黏土、⑥2 草黄色粉质黏土、⑦1 灰色砂质粉土；其中，③2 层易产生流砂；④层含水量高、孔隙比大、强度低。

江中段主要土层为：③2-2 灰色粉砂、⑥草黄色粉质黏土、⑦1 灰色砂质粉土；除④灰色淤泥质黏土、⑤1 灰色黏土层含水量高、孔隙比大、强度低外，其余土层为低含水量、孔隙比小，强度高。

浦东段主要土层为：①2 淤泥、②3 灰色砂质粉土、③1 灰色淤泥质粉质黏土、③2-1 灰色砂质粉土、③2-2 灰色粉砂；其中，②3、③2-1、③2-2 层渗透性大，极易产生流砂现象。

场区为多层孔隙含水层结构。场地浅部地下水位受黄浦江水位变化控制，含水介质为砂质粉土及粉细砂，水平向渗透性较大，竖向渗透性小。

浦西⑦层为区域承压含水层，实测承压水位标高−6.35 m；浦东段、⑤2 层实测承压水位标高−4.90 m。

二、干坞施工

干坞是沉管管段的预制场地，在规模、地址、技术条件及经济性上需满足沉管管段的制作以及总体工程的要求。

干坞选址在浦东三岔港边的黄浦江滩地处。在隧道轴线两侧建造两个可同时制作工程所需的所有（7 节）管段的干坞（见图 4-4）：A 坞和 B 坞，其中 A 坞占地面积分别为 4.9 万 m²，位于隧道南侧，可一次性制作 E7、E6 节管段；B 坞占地 8.1 万 m²，位于隧道北侧，可一次性制作 E1、E2、E3、E4、E5 节管段。两干坞总开挖土方量近 120 万 m³。干坞场区新老大堤间滩地标高平均为+3.2 m（吴淞高程），农田标高平均为+4.5 m，坞底标高均为−7.4 m。

图 4-4 干坞平面图

（一）干坞基坑的边坡稳定

（1）干坞加固：为提高干坞边坡的稳定性，达到基坑隔水的目的，在干坞东、南、北三侧坡顶处设置 2 排φ<700 mm 深层搅拌桩，西侧临江处设 4 排搅拌桩。搅拌桩

深至−16.0 m，穿过透水层至黏土层作为封闭隔水帷幕。搅拌桩的水泥掺入量为 13%，浆液水灰比不大于 0.5，并掺入 1%～3%的早强剂。

为了保证临江侧搅拌桩结构的整体性，内外两排桩施工时纵向不允许出现施工冷缝。同时，搅拌桩施工完成后，在其上构筑钢筋混凝土挡墙结构，以满足防汛要求，并在内侧加宽作为坞顶施工便道。

（2）干坞开挖及边坡处理：根据分析计算结果干坞分四级边坡，综合坡度为 1B3.5（迎江侧综合边坡为 1B4），中设 3 级 1.5 m 宽平台。边坡采用混凝土护坡方式，并设置纵横向钢筋混凝土梗格；干坞土方施工时分四个工作面同时进行，每个工作面配 1 台 1.4 m³ 挖掘机、1 台长臂挖掘机和 1～2 台 0.4 m³ 挖掘机。开挖施工设三级临时施工平台，临时边坡控制在 13B 左右。边坡土体的水由 3 m 间隔设置的ϕ100 泄水孔排出，并流入坡面上的截水沟。边坡坡面每级平台上设横向截水沟，与顺坡向排水沟构成坡面排水系统，可及时将坡面汇集的和泄水孔流出的水引排到坞底排水系统中，确保边坡的安全。

（3）井点降水：由于干坞基坑开挖面积大，深度大，且又处透水地层中，所以除在周边设置隔水帷幕外，还在边坡和坞底设置了降水井点，以保证开挖和使用期间的工程安全。分级边坡在标高+3.4 m、−0.4 m、−3.9 m 处布置轻型降水系统，井点管长 7.2 m，井点间距 1.2～2.4 m。坞底采用深井真空泵降水，井深 16 m，有效降水面积 400 m²，降水深度至基坑下 1 m。

（4）坡脚处理：边坡坡脚处采用浆砌块石结构，由人工分段开挖砌筑。为避免坡脚处开挖过深，将坞底周边的排水沟设于距坡脚 3.0 m 处。施工时分段从坡脚处按 12B 的坡度放坡开挖，并立模浇筑排水边沟。

（5）施工跟踪监测：干坞施工过程中加强对干坞地表和各平台处的沉降和位移的监测，并建立 BP 神经网络模型对干坞边坡变形进行分析预测，判断基坑的稳定性。当实测的变形量超过预测的 75%即进入关注阶段，当达到或超过预测值，即报警并采取稳定边坡措施。由于制定了科学合理的施工方案，并加强了施工监控，使干坞基坑开挖始终处于受控状态，实测最大沉降为 216.98 mm，出现在最先开挖的东面坡体处。

（二）干坞坞底处理

（1）坞底处理方法：为了避免管段制作因干坞地基变形产生裂缝，干坞施工时对干坞的坞底基础作了换填处理，换填厚度为 1.0 m。由于坞底基础不但要满足承载变形要求，而且要能消除管段起浮时的吸附力，因此管段下换填基础的上层为 42 cm 的碎石起浮层。管底换填基础设计见图 4-5。

根据现场试验所得参数进行的三维有限元分析，采用换填基础可满足管段制作时差异沉降不大于 20 mm 的要求。

（2）坞底换填基础施工：坞底基础换填施工分区分块进行坞底最后 30 cm 土体采用人工修挖，避免挖土机械扰动坞底土体，影响坞底基础承载力；块石抛填后采用压路机充分碾压，使块石挤入土体，以达到相当密实度；盲沟管排设保持畅通，并与坞底中部及周边的排水管沟连通，以确保基底地下水及时排除；上部 42 cm 厚起浮层选用颗粒级配均匀的材料，以保证起浮效果，施工时采用压路机分层碾压密实，并严格平整，以达到良好的管段制作基础标准。

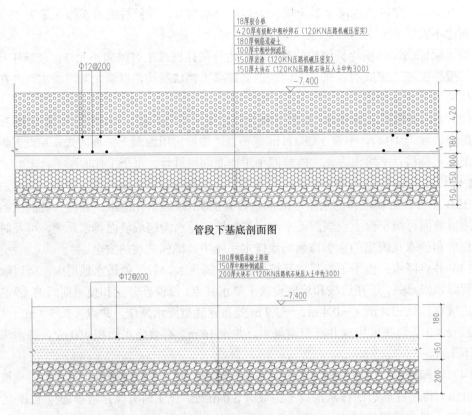

管段下基底剖面图

道路下基底剖面图（非滤管段）

图 4-5　管底换填基础结构

（3）坞底排水：坞底排水系统分为地下排水系统和坞底明排水系统。地下排水系统采用 ϕ 100 PVC 打孔排水管，排水管横向间隔布置于管底换填基础中的倒滤层中，双向坡度为 3‰，并与纵向排水明沟相接，以将坞底地下水收集后排入排水明沟，最后流入集水井里。坞底明排水系统由顺管段方向的明沟和周边边沟以及设于干坞转角处的集水井组成。主要用来汇集和排除边坡和坞底的水。

三、管段制作

江中段的混凝土管段采用本体防水结构，管段制作时的裂缝控制和干舷控制是管段制作的关键。

1. 管段混凝土结构裂缝控制

（1）混凝土的配合比的设计中应用了掺加粉煤灰和外加剂的双掺技术，以减少水泥用量，降低水化热，提高混凝土工作性和抗渗性，并可补偿收缩，从而最终达到减少裂缝、产生、提高混凝土抗裂和抗渗性的目的。通过对多组配合比的混凝土强度、抗渗、重度、施工性能，以及绝热温升等指标的测定比较，选择了表 4-2 的管段混凝土配合比。

为了达到混凝土配合比的设计要求和性能，首先对原材料的供应和计量进行严格控制；其次根据夏季施工的环境温度，搭设原材料凉棚；再次通过外加剂中缓凝组分的调节来控制混凝土配合比在不同季节条件下的施工性能。

表 4-2　每立方米混凝土配合比　　　　单位：kg，混凝土等级：C35P10

525 # P.O.水泥	水	砂	石子	粉煤灰	外加剂
296	185	739	1 021	104	17.4

（2）管段施工流程：根据地基沉降分析结果，管段制作采用由中间向两端推进的分节浇筑流程。每节管段共分 6 小节，每小节浇筑长度控制在 13.50～17.85 m 左右。每两小节间设宽 1.5 m 左右的后浇带每小节的管节分 3 次（底板、中隔墙、顶板以减少管段因温度应力及纵向差异沉降而产生的裂缝）。

每小节的管节分三次（底板、中隔墙、顶板及外侧墙）浇筑。为减少新老混凝土间的不利约束，严格控制各次混凝土浇筑的间隔时间，其中底板和侧墙的浇捣间隔时间不超过 20 d。

（3）支模体系优化：为了减少混凝土结构的渗水路径，在模板设计中取消了外侧墙模板的对拉螺栓，而改为采用具有大刚度的侧墙靠模系统，且模板采用具有低热传导的竹夹板。

（4）混凝土冷却措施：管段结构采用的混凝土的绝热温升较高，如不采取降温措施，墙体的内外温差可能超过 40℃，裂缝比较容易产生，所以必须采取冷却措施。根据理论计算，底板和顶板的温度应力远小于同期混凝土的抗拉强度，所以冷却管的布置范围仅为外侧墙内。冷却管双排布置，排间距为 500 mm。底层冷却管布置在底板与侧墙的施工缝以上 200 mm 处，共布置 2 列 20 根冷却管（见图 4-6）。

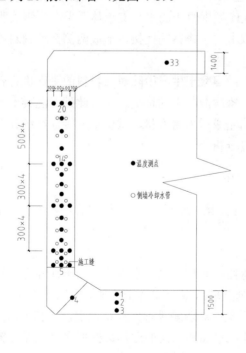

图 4-6　冷却管布置图

每列冷却管为独立的冷却系统。每个系统的冷却水流量和进水温度根据混凝土水化热历时曲线和环境温度进行调节，以防止混凝土温度过度降低而使冷却管周混凝土冻裂。当测点的混凝土温度回落 2～4℃时，及时停止混凝土冷却。每小节管节制作时分别对底板、侧墙和顶板进行了温度监测。经实测数据分析，采用冷却措施后，混凝土温度应力可降低 50%以上。

（5）混凝土浇捣及养护：管段混凝土采用泵送。外侧墙与顶板一次浇捣完成，以减少施工缝的形成。外侧墙浇捣过程中，使用了浇捣串筒，以防止混凝土离析，同时采用分层浇捣以保证混凝土的密实。管段养护时，底板和顶板采用蓄水养护；中隔墙采用喷水保湿养护；外侧墙外侧采用带模和覆盖的保温保湿养护方法，内侧则采用悬挂帆布封闭两端孔口后保湿养护的办法。

（6）后浇带施工：后浇带是为控制混凝土收缩和地基差异沉降引起的裂缝而设，其必须在相邻管节的混凝土达到设计强度、相邻管节的沉降基本稳定、外侧模板拆除后进行施工，一般控制后浇带施工和管节施工的间隔时间不少于 40 d。后浇带施工同样分三次制作。

2. 管段干舷控制

管段干舷控制的关键是保证管段制作的尺寸精度、管段混凝土的重度和均匀性。

（1）支模工艺：制作管段的底模采用 1.8 cm 厚的九夹板，铺筑在经碾压密实的碎石起浮层上。管段顶板模板采用九夹板，支架采用可移动支架形式。支模的刚度均保证了在 52 kN/m² 垂直施工荷载作用下变形小于 3 mm 的要求。

侧墙支模系统，除模板需达到保温、保湿和平整度要求外，整个系统还需在 70 kN/m² 的侧向施工荷载作用下变形不大于 3 mm。根据计算侧墙模板采用 2.4 m×1.2 m 的钢框竹夹板。外侧墙模板支靠在由水平间距为 60 cm 的 70 m×50 mm 横向方钢围檩和纵向间距为 1 m 的 700 mm×400 mm H 型钢组成的水平支承体系上，型钢底脚焊接在管段外侧坞底的预埋铁板上，上端与顶板上、下排钢筋连接，形成两侧侧墙的对拉形式，而内侧墙模板则由内孔支架水平支承。

（2）混凝土重度控制：混凝土生产中除对原材料的采购进行管理外，还必须对计量系统经常校准，保证每班、每次混凝土的称量精度。此外，混凝土的浇筑严格按规范分层浇捣密实。每次混凝土浇捣完成后需将方量、试块重度等仔细统计并汇总，实行材料总量控制，以提供管段干舷计算分析。

四、基槽浚挖和清淤

江中基槽浚挖和基槽内回淤处理是管段沉放前的重要工作，其作业的质量是沉放成功的保证。

1. 基槽浚挖

（1）高精度定位定深监控系统：以往水中挖泥由于抓斗定位精度差，造成抓斗水下挖泥超挖和欠挖，使基槽平整度差，标高达不到要求，所以解决挖泥精度问题的关键是定位。双 GPS-RTK 定位定深系统可对船舶进行三维精确定位，其平面定位精度为 2～3 cm，高程精度 4～6 cm。系统能以平面和剖面的图形数据形式将泥斗位置和深度显示在监控屏幕上指导操作者挖泥。

（2）浚挖工艺：基槽浚挖分普挖与精挖两步进行。普挖为基槽底面以上 3 m 至河床顶面的部分，精挖为剩余部分。挖泥采用由定位定深监控系统控制的 8 m³ 抓斗挖泥船施工。基槽浚挖时江中采用逆流施工；两岸浅滩处则采取顶滩展布作业。施工时分条分层作业，每条宽 16 m，每层挖深 3 m。

2．基槽清淤技术

基槽清淤采用由 1 000～1 600 m³/h 的绞吸船和抛锚船联合组船的方案，利用抛锚船的移位控制绞吸船的船位和清淤点的进点。清淤点的平面位置采用高精度的 DGPS 仪器控制。

清淤采用定点、分层施工。施工过程中采用回声测深仪检测，吸完一遍检测一次，往复清淤多遍，直至要求的水样比重和水深度。清淤吸出的泥浆由水上排泥浮管输送到基槽下游 200 m 的江中水面下排放。

五、管段浮运与沉放

管段浮运与沉放的技术关键是管段水平和垂直控制的方法，以及管段水下沉放对接的姿态监控和管段沉放后的稳定。

1．管段水平控制系统

管段出坞采用坞内绞车和拖轮结合的方法，过江浮运采用 4 艘 3 400 匹全回转拖轮拖带管段的方法，另用 2 艘拖轮辅助克服管段在江中浮运受到的水流阻力。管段沉放采用双三角锚的锚缆系统，该系统最大的特点是对航道的影响小，理论上仅为管段的长度。沉放时江中沿管段两端延长线距管段 100 m 布置 2 对 4 只 170 t 沉放用横向定位锚碇为吸附式重力锚块。沉放时以安置在管段前后两个测量塔上的 6 台 10 t 卷扬机控制管段在水中的平面位置。

2．管段垂直控制系统

管段沉放采用双浮箱吊沉法。钢浮箱按 1%的管段负浮力设计。管内水箱的储水量按 1.04 的管段抗浮安全系数设计，可为管段在沉放的各个阶段提供相应的负浮力。水箱设计除考虑黄浦江河道积淤严重的问题外，还考虑了管段拖运沉放时 ±6°的最大纵、横摆角，管段内共设置 18 个容量为 300 m³ 的水箱。管段每孔中的各个水箱由 1 根进排水总管连接，并配水泵 1 台。左右 2 孔的两根水管之间设 1 根连通管，以便 2 根总管相互备用。进排水系统可采用强制进水、自然进水和隔腔排水等操作方式。

管段支承采用四点支承方式，前端搁置在 2 个鼻托上，后端两个垂直千斤顶搁置于临时支承上。临时支承采用钢管桩。

3．管段浮运、沉放作业

（1）作业计划。管段过江浮运和沉放一般选定在每月中潮差最小、流速最缓的一天中进行。其中将过江浮运安排在施工当天一个慢流的时间段内，而潜水检查、管段对接则安排在下一个慢流时间段内进行。

（2）管段浮运。管段坞内抽水起浮后即由坞内绞车和拖轮配合将管段移至位于坞口出坞航道处的系泊位置，系泊后由浮吊完成管顶钢浮箱及测量塔等舾装设备的安装，同时做好管段浮运准备。管段浮运当天，逐步解除系泊缆绳，并由 4 条拖轮带缆趁上午高平潮时间将管段沿临时航道浮运至隧道轴线处，再沿隧道轴线浮运至江中沉放位置，然后连接沉放定位缆绳，解除浮运拖缆，拆除 GINA 保护措施，安装拉合千斤顶，管段沉放准备就绪。

（3）管段沉放。管段浮运至距已沉管段 10 m 位置处，即停顿调整系缆布置，进入沉放状态。管段沉放首先灌水克服干舷，然后继续灌水达到管段下沉所需的约 1%的负浮力。当浮箱吊力达到 1%负浮力时，即以约 30 cm/min 的速度放缆下沉。下沉开始时，先按沉放设计坡度调整管段姿态，然后以 3 m 为一下沉幅度，不断测量和调整管段姿态，直至距已沉管段 2.5 m 处，随后前靠距已沉管段 2.5 m 继续下沉，当距设计标高 1.2 m 时，再前靠至距已沉管段 50 cm 距离处，将管段搁置在前端结构下鼻托上，同时伸出尾端垂直千斤顶，搁置在支承钢管桩上。最后通过水平定位系统和临时千斤顶对管段的平面位置和纵坡进行调整，准备拉合对接。

（4）管段拉合、对接。待沉管段调整到设计的姿态后，即从岸上绞拉滑轮组拉合管段，然后再打开封门上的 ϕ 100 进气阀和 ϕ 150 排水阀排除隔腔内水进行水力压接。

4. 管段浮运、沉放三维姿态测量

管段浮运、沉放采用坐标测量方法。沉放时在黄浦江一岸隧道轴线处设立一个测站，3 台全站仪，通过测量管顶测量塔上的棱镜坐标，并根据管段特征点和棱镜坐标的相对坐标关系确定管段水下三维姿态。整个测量系统具有人工对准、自动采集、数据通信（有线或无线）传输、计算机处理并实时显示管段三维姿态的功能，可满足管段沉放定位精度的要求；系统的数据采集频率可达 5 秒一组，满足了管段沉放的定位操作要求。

5. 管段沉放后稳定

水力压接完成后，缓缓放松钢浮箱上吊缆，使整个管段由前端鼻托和后端两个垂直千斤顶支承。然后根据实测的江底最大水重度，向管内水箱内灌水，直至抗浮安全系数达到 1.03 左右。随后立即拆除钢浮箱、测量塔、人孔井等管顶舾装件，以尽速提供锁定抛石回填材料和设备进点施工。

沉放完成后需在管段外侧齐腰部进行锁定回填，以确保管段的稳定。回填施工采用网兜法，施工抛石分丝、分层、对称进行，由距自由端 30 m 处向压接端抛填，剩余部分待下节管段沉放后完成，以防抛石滚落到下节管段基槽影响沉放。为提高定位精度，将定位定深系统应用于锁定抛石。

6. 管段沉放时的航道管理

由于管段需过江浮运才能到达沉放位置，所以管段浮运期间须实行 3 h 封航；而管段沉放作业时可保持航道通行，但需限速 3 节。

六、管段基础施工

管段基础施工的关键是管底灌砂基础的密实。管段沉放到位后，须对管底约 50 cm 的空隙进行灌砂。为了提高管段结构的水密性，底板下的灌砂孔通过隔墙从顶板引出，灌砂施工由潜水员将灌砂管接入设于顶板上的灌砂口，然后从停泊于江面上的灌砂船将砂压入管底。为防止灌砂基础的震动液化，灌砂料中掺入了 5%的水泥熟料。根据试验，1B8～1B9 砂水混合比的灌砂料在流量为 5 m³/s 时的最大扩散半径可达到 7.5 m。据此，每节管段横向每排布置 4 个灌砂孔，孔间距为 10.25～11 m，排间距为 10 m。

灌砂按由压接端向自由端，每排先中孔后边孔的顺序施工，但每节管段都将最后一排孔留至下节管段沉放后灌注。为了估算灌砂孔的灌砂量，需在管段沉放前测量基槽的深度，此外还在管段沉放之前，对管段的灌砂预留孔进行编号，并用塑料铭牌系于管面灌砂孔的法兰板上。管段沉放后灌砂施工前首先进行灌砂设备试运转，以验证灌砂泵、输送带等整套灌砂系统的性能，取得灌砂的各种参数。灌砂过程中，对灌砂量、灌砂压力进行监测，并采取潜水员水下探摸和管内测量等手段了解砂积盘的形成情况和管段抬升情况。

七、沉管连接

1. 管段间接头

管段间采用柔性接头形式（见图 4-7）。其中 GINA 橡胶止水带和 OMEGA 橡胶止水带构成管段接头的两道防水屏障；预应力钢缆则作为Ⅷ°地震烈度工况下的接头限位装置，这种装置又可在管段最终接头施工时提供一部分管段止退力。同时接头处还设置了水平和垂直剪切键。

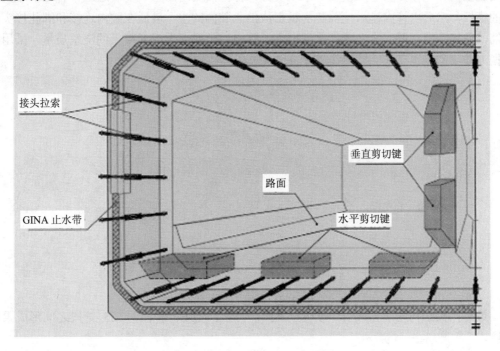

图 4-7　管段柔性接头示意图

GINA 止水带在管段制作后期、坞内灌水前完成。安装前必须保证管段端钢壳的面不平整度小于 3 mm，每米面不平整度小于 1 mm，垂直和水平误差不允许超过 3 mm。为了避免 GINA 止水带在浮运中碰撞受损，需在 GINA 带上部安装保护罩。

OMEGA 止水带的安装在管段沉放后、管段接头处两道封墙拆除前完成。为了安装方便，OMEGA 止水带在底边留有一个现场硫化热接接头。OMEGA 止水带安装完成后，即进行 OMEGA 止水带的检漏试验，检漏试验的压力为 0.3 MPa。

OMEGA 止水带安装完成后即连接接头钢拉索，并旋紧连接套筒使拉索预紧。之后对钢拉索进行外裹橡胶伸缩管和热缩管、内注油脂的防腐防锈处理，并在外侧设置 1.2 cm 厚的防火板，达到耐火温度为 1 200℃，耐火持时为 1 h 的防火要求。

最后进行管段底板处水平剪切键的制作，中隔墙和外侧墙处的垂直剪切键施工待管段稳定后进行。

2. 最终接头施工

由于管段沉放顺序为 E7、E6（即 E6-2）、E1、E2、E3、E4，最后沉放 E5（连带 E6-1），所以最终接头为位于 E6 和 E5 之间（实际是 E6-2 和 E6-1 之间）的水下接头。最终接头采用防水板方式施工。这种方法的特点是：把 E6 管段沿纵向分成三部分施工，其中包括第二次沉放的 E6-1 和随 E5 沉放的短段 E6-2，这两部分结构在干坞内制作完成并沉放到位，中间部分的 2.5 m 最终接头在水下完成，完成后使三部分联成一刚性整体管段结构 E6。短段 E6-1 长度为 3.5 m，一端安装有 GINA 止水带。在干坞中制作完成后，E6-1 通过预应力钢索牵拉与 E5 管段相联，并按计算水力压接力的大小施加预应力，使 E6-1 端部与 E5 接触的 GINA 橡胶止水带压缩达到预期压缩量。E6-1 和 E6-2 之间形成的 25 m 长的水下最终接头施工前，先在接头空隙设临时水平支撑，再在接头四面水下安装边缘带有 GINA 止水带的模板，然后由管内排水抽除防水板形成的隔腔内的水，最后在腔内连接和绑扎接头内钢筋，分底、墙、顶三次浇筑接头混凝土，其中为了保证顶板混凝土的浇筑质量，采用了免振混凝土的施工工艺。整套工艺见图 4-8。

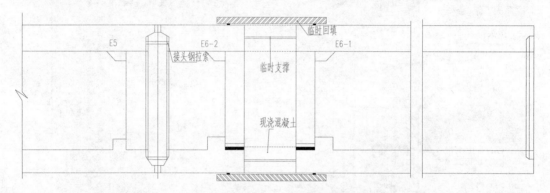

图 4-8　最终接头施工作业示意图

最终接头结构构筑完成后，再次拉紧接头拉索，使 E6 管段与 E5 管段之间形成柔性连接。

3．管段与浦西、浦东岸边隧道的连接

与江中沉管段水力压接连接的岸边隧道结构部分称为沉管隧道的连接结构（井）。由于外环隧道江中管段的最终接头设于江中，所以浦西和浦东侧的岸边隧道都设有连接结构，其中 E1 管段沉放后与浦西连接结构连接，而 E7 管段与浦东连接结构连接。连接结构的端面设计成管段端面形式，宽度为 43 m，沉管管段搁置在连接结构的底板上，并与其水力压接连接。

因为连接结构是岸边隧道暗埋结构的一部分，所以连接结构的施工随岸边暗埋隧道一同完成。浦西的连接端距岸边防汛墙 7 m，由于隧址处黄浦江的深泓线偏于浦西侧，所以浦西连接结构处的开挖深度达到约 30 m。开挖施工时两侧采用 1.2 m 厚、46 m 深的钢板接头地下墙作为围护结构，端部为了满足沉放工艺的要求，采用 50 m 长的钢管桩墙作为围护结构，其中上部 40 m 为 1 190 mm，壁厚 30 mm 的咬口钢管桩，下部为 φ1 100 mm 的钻孔灌注桩。钢管桩墙采用类似地下连续墙的施工工艺，即先制作导墙，开挖槽段，然后吊放钢管桩，钢管桩外回填碎石并压浆后，即在钢管桩内施工下部灌注桩，最后在钢管桩的迎江面一侧进行 3 m 宽度的旋喷加固，以使钢管桩墙达到抗渗要求浦西这一处的基坑开挖采用明挖半逆筑法施工，其中结构顶板上设 4 道钢筋混凝土支撑和 1 层夹层板，顶板与底板之间设 1 道钢支撑，而夹层板框架和结构顶板采用逆筑法施工。基坑施工时，采用坑内

土体旋喷加固，并进行坑内大口径井点降水，以提高基坑的稳定性和降低⑦层中的承压水水位，保证基坑施工的安全和达到周围环境的保护要求。

浦东的连接结构形式同浦西侧，施工时两侧和端部的围护结构采用如浦西一样的形式。但由于开挖深度相对较浅，为 18.3 m，所以端部钢管桩的直径设计为 ϕ 990 mm（长32.5 m，壁厚 20 mm），两侧地下墙的厚度为 0.8 m，开挖采用明挖顺筑施工，设 1 道钢筋混凝土支撑和 4 道钢支撑。施工时，进行坑内基底土体注浆加固，并进行坑内大口径井点降水。

连接结构施工完成及岸边的临时防汛体系建成后，且近岸处管段基槽成型后，即拆除连接结构施工时端部的钢管桩墙，以便管段沉放与岸边隧道连接。拆除时，先由潜水员水下切割钢管桩，然后由 300 t 的浮吊在水上逐根吊除。

八、管段的回填与覆盖

管段沉放后需进行回填、覆盖以固定和保护管段。回填、覆盖物的组成视管段所在位置而异。E1、E2、E3、E4、E5 管段位于黄浦江主航道，其回填、覆盖物分别由管段锁定抛石、一般基槽回填、面层抛石覆盖、防锚带等部分组成。由于 E1、E2、E3 管段又位于黄浦江自然凹岸深槽区，部分管段出露于河床，为防止管段两侧河床发生冲刷，另加设护底防冲结构。E6、E7 管段位于浦东一侧的浅水区，其回填、覆盖物仅由管段锁定抛石、一般基槽回填和面层抛石覆盖三部分组成。

1. 管段锁定抛石

管段沉放后，在每段管段两侧设锁定抛石。E1 管段至 E7 管段的锁定抛石均采用厚度为 3 m、粒径为 1.5～5 cm 的碎石棱体。锁定回填施工船组由一艘工作驳、两艘抓斗船和两艘运石船组成，抓斗船靠于工作驳两侧，将运石船上的碎石抓入漏斗，进行对称抛放施工。

2. 一般基槽回填

锁定抛石棱体以上至管段顶标高以上 0.5 m 之间的基槽需进行一般回填。根据上海地方政府规定，黄浦江水域内不允许直接大量抛放泥土，因此基槽回填只能采用石料。本工程要求距管段 10 m 外可直接抛放，在靠近管段处采用网兜抛石。

3. 面层抛石覆盖

在穿越大船航道的沉管顶部设面层抛石覆盖，以缓冲管段可能受到的意外锚击。根据黄浦江通航设计船型的情况，考虑由 0.5 m 厚的碎石层和 1 m 厚的 50～200 kg 的块石所组成的面层防锚抛石覆盖层。面层覆盖采用 2 m³ 抓斗船施工为防止复杂水流的出现，在主流区面层抛石覆盖与上下游河床之间通过采用边坡较平缓的回填、覆盖使管段与上下游河床平顺衔接，从而使该段河槽的水流平顺过渡。

4. 防锚带

除防止管顶直接受锚击的情况外，还在管段两侧 5 m 外设防锚带防止船舶走锚对管段的破坏。防锚带宽度 5 m，厚度 2 m，采用 100～500 kg 的大块石抛填。防锚带仅在黄浦江350 m 主航道范围内布设。防锚带使用与面层覆盖相同的工艺。

九、岸壁保护结构

在江中沉管基槽浚挖前，为了避免基槽开挖引起两岸防汛体系失稳破坏，必须进行岸壁保护结构的施工或沿江堤岸的加固工作。

浦西岸壁保护结构根据基槽开挖的深度采用阶梯形渐浅的格构形地下连续墙（墙厚1.0 m，最深为46 m，及格构内为直径φ1 400的旋喷桩）和重力式旋喷桩（深为15.5 m，在基槽浚挖线位置8～10 m不等）两种形式。浦东侧则是对沿岸大堤采用4排深层搅拌桩加固。

参 考 文 献

[1] 李侃，杨国祥. 上海外环线越江沉管隧道工程技术概览[J]. 世界隧道，2000（5）.

[2] 朱家祥，陈彬，刘千伟. 上海外环沉管隧道关键施工技术概述[J]. 岩土工程界，2004，6（9）：7-10.